JN197689

Community Supported Agriculture

分かち合う農業 CSA

~日欧米の取り組みから~

Hatano Takeshi *Karasaki Takuya*
波多野豪　唐崎卓也 編著

創森社

はじめに

　地域の農業を支える仕組みであるCSA（Community Supported Agriculture）が、世界の各地で広がりを見せている。日本国内での取り組みはまだ限られているが、本来の理念に近い形だけでなく、ネット通販のような遠隔地の生産者と消費者を結びつける形で展開するビジネスにあっても、CSAを標榜する事例も見られる。みずから事業を展開する立場にない場合でも、地域農業、小規模農業、家族農業の可能性、持続性を考える人ならば、一度はCSAという言葉に触れたことがあるのではないだろうか。

　ただし、CSAといえば地域支援型農業と訳されることが多いが、第1章などで詳述するように、このCSAの「C」は即自的に地域社会を指すものではなく、「A」も一般に地域で実践されている慣行の農業を指しているわけではない。

　先取りしていってしまえば、その支える対象である「A」は、農業一般を指すのではなく、有機農業である。もともと、このCSAは、有機農業が地元に存在することに価値を認める生産者と消費者が、その実践のために両者がつながる方法として米国で提案され、その後、世界のそれぞれの地域においてその実情に応じて多様化し、広がってきたものである。

　また、世界に広がるCSAが、まったく同様の理念・形態において展開されているわけではなく、農場（この農場という形態自体、日本では現実的なものではないが）と消費者のつながり方（組織形態）、栽培方法や収穫物の分け方（運営形態）をはじめとして、その実践方法は多様であり、参加者の思いもさまざまである。

　言葉としての表現自体も、CSAだけでなく、フランスではAMAP（Associations pourle Maintien de l'Agriculture Paysanne：家族農業を支え

る会）、イタリアではGAS（Gruppo di Acquisto Solidale：連帯購入グループ）、スイスではACP（Agriculture Contractuelle de Proximité：産消近接契約農業）など、各地でのCSAの成り立ちによってさまざまであり、CSAとはなにか、という定義も実践の広がりとともに拡大している。

　そこで、CSAの概念を改めて考えてみると日本では冒頭で述べたように地域支援型農業と訳されることが多いとはいえ、あえて言語や理念に忠実に嚙み砕いていうと**「生産者と消費者がコミュニティを形成して支え合う有機農業」**がもっとも意に即している。さらに端的に表すと、地域の消費者が生産者と一緒に生産のリスクとその収穫を共有し、有機農業を支え合う意味で本書の書名のとおり**「分かち合う農業」**ということもできる。

　この書籍では、国内外の事例を取り上げて、それら各地のCSAに共通する理念と、さまざまにおこなわれている実践方法を示し、CSAの理念と実践の成立要件を探りたい。また、ここで紹介する事例以外にも、国内でCSAもしくは同様の取り組みは広がっており、例えば、日本バイオダイナミック協会に加盟する農場のほとんどは北海道にあるが、その中のいくつかはCSAに取り組んでいる。

　また、CSAの源流の一つといわれる、従来の産消提携活動のなかには、CSAと変わらない方法で長年取り組んできた、もしくは試行錯誤のなかでそうしたやり方に到達した事例も多く見られる。産消提携にあっても、CSAであっても、その試行錯誤は継続中である。

　例えば、日本でのCSAの成立条件として、前払いが受け入れられるかどうかという議論があるが、参加している者にとってはあまり問題とはなっていない（だから参加しているのであろうが）。本論で述べるように、一時払いだけでなく分割払いを取り入れているところも多く、また一時払いであっても月にならせば1万円程度の出費は低所得層であっても参加可能なレベルであることが参加者の所得層の分散状態によって

示されている。収穫の多い時期も少ない時期もあるが、支払いは変わらないから負担額が増えることもない。

　また、不要な産品がボックスに入っていても、交換テーブルに出すことで他の参加者の不用品と交換できるという工夫を設けるところもある。もちろん、欲しい農産物の種類や量を作付け計画段階で生産者と消費者はともに協議することで責任も義務も果たしている。

　このように、CSAでは、消費者が生産活動や農場運営にコミットし、そのリスクも会員同士でシェアすることとなる。ただし、このシェアが均等ならばなんの問題もないが、運営に必要な作業をすべて均等にこなすことは不可能である。外部からは、会員それぞれが自分でできることをそれなりにこなして、全体が無理なく運営されていくように見えても、それぞれが質も量（時間）も異なる作業を分担して、全員が納得するやり方を考案していくというプロセスは、想像するだけでもたいへんな困難を伴う。しかし、その困難のまっただ中にあり、かつ、そうした摩擦熱がエネルギーとなって、現在のCSAへのさまざまな取り組みの魅力をつくりあげているともいえる。

　海外での隆盛に比して、国内ではCSAの実践自体はまだまだ少ないが、魅力的なやり方として多くの方が関心をもち、編著者らが継続的に主催する「CSA研究会」の参加者も徐々に増えてきている。

　CSA特有の方法、共有手法としての年間購入契約、セット野菜、前払い、という方法だけにこだわらず、各地で実践されている苦労と喜びからCSAの楽しみを想像し、同時にこうした実践が広がることでシェア、支え合い、助け合いのさまざまな仕組みが各地で自生していく社会をともにめざしていきたい。

　本書が、そうした仲間の出会いのきっかけとなれば幸いである。

2019年　7月　　　　　　　　　編著者を代表して　波多野 豪

3

第4章　Community Supported Agriculture　欧米での CSA の事例と特徴　201

第5章 Community Supported Agriculture **改めて CSA と産消提携を考える** 247

     ＊文中に登場する方々の所属組織名、役職、および参加者、栽培面積、レートなどの数値は一部を訂正しているが、おおむね執筆当時のもの。執筆時期は 2017 ～ 2018 年が主だが前後する場合もあり、幅がある。

第1章

Community
Supported
Agriculture

CSA の概念と
日本での展開

サツマイモ畑の除草（神奈川県・なないろ畑農場）

CSA という方法の
源流と原型

三重大学大学院　波夛野 豪

CSA をどう理解するか

　CSA（Community Supported Agriculture）とは、地域の農業を支える仕組みである。日本では、「地域支援型農業」と訳されることが多いが、直訳するならば、「コミュニティに支えられた農業」である。

　理念的には、Agricultureは地元の農業を意味するが、Communityを即、地域社会と捉えるには無理があり、CSAを産直の一形態、農場経営における販路確保手法として捉えるのもそぐわない。一方で、SupportをShareに置き換え、収穫物だけではなく、それに至る栽培プロセスにおけるさまざまなリスクを分かち合うことが強調される。このShareを成立させる前提となるものは、第三者を介さない直接のつながりである。仲介を通さないことで、みずからがやらなければならないことは増えるが、さまざまな情報を直接に提供し確認し合えるコミュニティをつくりあげることができる。

　もう一つの重要なコンセプトが小さな農業である。近年、国連で「家族農業の10年2019−2028」や「小農の権利宣言（正称：小農と農村で働く人々の権利に関する国連宣言）」が採択され、CSA理念との親和性が言及されることが多いが、小規模な家族農業の営みを支えるには、食と

農のあり方を、農場経営的視点だけでなく、健全な社会を形成するための関係づくりとして捉える必要があろう。

　こうした理念を持った活動が一定の実践を経て、ヨーロッパCSA宣言（118頁）が2016年に採択され、アメリカ・カナダCSA憲章（224頁）が2017年に提唱された。ともにCSA運動の共通基盤となることをめざす宣言であるため、その表現は抽象的であるが、前者の冒頭にはCSAが動的であり多様性を有することを強調するとともに、リスクと収穫のシェアが共通項として読み取れる。

　以上のことから、この書籍では、「はじめに」の検討などを踏まえてCSAの定義を「**地域の生産者と消費者が食と農で直接的に結びつき、コミュニティを形成して生産のリスクと生産物（環境を含む）を分かち合い、たがいの暮らし・活動を支え合う農業**」としたい。この書籍を読み進めるだけでなく、世界でおこなわれている実践活動を理解するには有効であろう。

CSA とはなにか

CSA の「C」

　CSAの訳語としての「地域支援型農業」は、1999年の『環境白書―21世紀の持続的発展に向けた環境メッセージ』において、米国のCSAが取り上げられ、そのさいに用いられたものである。この「地域支援型」という表現の持つ魅力や可能性によって、広く注目を集めることになったと思われるが、この「地域支援型農業」または「地域が支える農業」は、大いに誤解を与えているように思われる。

　ここでは、冒頭のC（Community）が、すでに存在している地域社会であるかのように捉えられているが、CSAのCommunityには、空間性はもちろん、リスクを分かち合うコミュニティ、価値観や思想を共有するコミュニティの意味も含意されている。CSAをつくるには、まずCを

つくることが必要であり、有機農業を始めるといえば自動的にCSAが立ち上がるものではない。一方で、米国のある実践者は「CSAというコンセプトがあったから農業を始めることができた」と語っている。米国ではすでに説明が不要なくらいにそのコンセプトが浸透しており、A（Agriculture）をサポートするC（Communityこの場合、Associationに近い）の形成が速やかにおこなわれるということはいえそうである。

日本では、「なないろ畑農場」の主宰者が、「CSAを実践するとコミュニティができあがる」と語っている。トートロジー（表現の重複）のように思われるが、コミュニティにしても有機農業にしても、独立した両者が存在するのではなく、実践を通じてそれぞれができあがっていくものであろう。CSAの提案者の一人である、エリザベス・ヘンダーソン（およびロビン・ヴァン・エン）によれば、CSAには「コミュニティが支える農業」であると同時に、ASC（Agriculture Supported Community）「農業が支えるコミュニティ」の含意もあるという。つまり、CSAは、「有機農業がコミュニティに支えられて持続し、またそのコミュニティを有機農業の実践が支える」という相互性の上に成立しているといえよう。主語のあいまいさが指摘される日本語表現において、地域支援型農業が、地域を支援する農業、地域に支援される農業の双方を含意するのは幸運な偶然といえるが、地域とコミュニティを同一視できない日本の現状があることは前述のとおりである。

CSA の「A」

CSAの「C」が地域社会そのものではないのと同様に、「A」は地域で営まれている農業の総体を指すものではない（目標としてはそれをめざす意図はあっても）。CSAは地域で営まれている農業、およびその農業と地域との関係の両方を健全にしていくことが目標である。それはまず、健全な農業とは有機農業であり、その健全な農業が存在することで地域が持続的に営まれることを含意しているはずである。

表1-1に一部の事例ではあるが、米国と欧州でみずからが実践してい

表1-1 欧米で実践されているCSAの有機栽培実態

生産方法	米国（1999）農場数 364/1019	欧州（2016）農場数 403/2776
認証有機	42	44
実践（無認証）有機	43	41
バイオダイナミック	10	4
転換中	4	7
不明その他	1	4
合計	100%	100%
備考	平均シェア（会員）数：120 コアグループあり：28% Mod:4ha〜20ha	平均シェア（会員）数：179 意思決定への参画あり：58% 6ha〜40ha

出所：1999 CAS Survey, Center for Integrated Agricultural Systems(CIAS), and URGENCI(2016)から筆者作成

る生産方法について各地のCSAが回答したものをまとめている。調査地域、年代は異なっているが、かえって、事例が拡大し、年代が新しくなっても、CSAで実践されている生産方法はバイオダイナミック農業（シュタイナー理論により、有機農業の源流の一つとなった農法）を含む有機農業であり、第三者認証を得ているのはその半数にとどまるという同様の傾向を確認することができる。

「S」の理念の深化と多様化

米国をはじめとして、世界で取り組まれているCSAは、「収穫物とそのコストだけでなく、栽培プロセスにおけるリスクもシェアする（天候不順などによって収穫がない場合、売り上げがなくなるという本来、生産者だけが負っていたリスクを生産者と消費者で分かち合う）」ことを目的に次の特徴を持っている。

①生産者（農場）と消費者が直接に結びついていること

②消費者は年間契約に基づいて定期的に農場の産物を購入すること

③購入にあたっては農産物を農場がパッキングしたセット（詰め合わ

せ）の形で受け取り、その1シーズン分の代価を事前に支払うこと
④生産者だけでなく消費者も農場の運営（農作業だけでなく、収穫物の分配作業、作付け計画など）にかかわること

そのほかの特徴については、以下の各章で具体的に示されることとなるが、①から④すべてを含んでいる事例と一部の特徴のみを有している事例があり、その度合いによって世界のCSAの多様化がもたらされている。ただ、それぞれのCSAの実践の過程においては、参加者たちの実践していること、考えていることが広がっていきながら、同時に固まっていくものであろう。

国内では数少ない実践事例の一つである「なないろ畑」農場の実践はまさにそれで、そもそもは、公共の場である公園の落ち葉かきの活動があり、その落ち葉を堆肥にしてサツマイモを栽培し、その収穫をみんなで分け合うことからおたがいの関係が始まっている。その分け合いの仕組みとして当初は地域通貨（「とらぬ狸債券」という一種の労働切符）を発行し、試行錯誤のなかでCSAがぴったり当てはまった、やっていくうちに、ますますCSAとしての特徴を発揮するようになっていったという経緯をたどっている。

CSA の理念とその普及過程

CSA の現段階とその出発点

米国におけるCSAは、1986年にテンプルウィルトンファーム、インディアンラインファームという北東部の二つの農場による取り組みから始まり、前者はドイツのバイオダイナミック農場、後者はスイスの産消協同組合農場の影響のもとに設立されている。(注1) 一方で、日本の有機農業運動では、70年代から有機農業を実践する生産者と消費者を直接に結びつける方法として「産消提携」が実践されており、CSAの広がりとともに「TEIKEI」として欧米の有機農業関係者に広く認知されている。

　米国の1999CSAサーベイ^(注2)および筆者の現地調査によれば、それぞれのCSAは１もしくは２〜３の農場と消費者が結びつくことで成立している。平均的には10〜20ha規模の農場が150世帯程度の消費者に冬季を除く８か月間、代金前払いで主に有機農産物の詰め合わせバスケットを定期的に供給している。バスケットの単価は20〜30ドルであり、一つのCSA農場が近隣の農場と連携して農産物を供給し、それをハイパーCSAと自称する農家も存在する。

　消費者は、ドロッピング（消費者からはピッキング）ポイントと呼ばれる集配場所に出向き、そこで生産者や消費者仲間と交流しながらみずから農産物の分配などをおこなう。ときには農場に出向いて農作業や箱詰めなどの労働提供をおこなうこともあり、産消関係の近接性が見られる。ただし、立地的に産消が近接することが多い西海岸では、CSAよりも消費者の顔を見て販売できるファーマーズマーケットのほうがたがいの関係を保てるという生産者側の意見も聞かれ、産消関係の近接性にかかわる評価は一様ではない。

CSAの源流はTEIKEIだけではない

　世界のCSA関係者の間では、CSAの源流は日本の「産消提携（TEIKEI）」にあるというのが、一般的な認識となっている。米国のCSAの出発は、1986年に始まった二つの農場であり、現在では、農場が選択しえる経営形態の一つとして捉えられることが多くなっているが、その二つの農場の主宰者はそれぞれ、ドイツとスイスでの経験を米国での農場実践に持ち込んだと語っており、CSAの原型はその両国にあるといえる。

　ドイツではルドルフ・シュタイナーの提唱したバイオダイナミック農業（BD　推進団体はデメター）、スイスではBDだけでなく、ハンス・ミュラーの提唱した有機農業（推進団体はビオラント）が盛んであるが、その方法から見てCSA運営の直接のヒントになったのは、スイスの産消共同農場であろうと考えられる。これは消費者が協同組合（コーポラティブ）を形成して生産者を雇用し、もしくは消費者が生産者と

なって農業をおこない、会員に収穫物を提供するというものである。

　スイスの産消共同農場の場合は、その経験者が米国に渡って実践を広げたという意味で「原点」であるが、日本の産消提携が「源流」であるという議論は、CSAをやってみて世界の情報が入ってくるようになると、どうやら日本では1970年代の初頭から似たような活動が広がっていたらしい、ならば、CSAの活動の「源流」としてみんなで学ぶべきだろう、という展開を見せたと考えるのが妥当なところである。

　CSAの出発点となった米国での取り組みは一説ではすでに１万を超え^(注3)、欧米を中心に世界に影響を広げている。これは信頼できる農産物のやりとりにとどまらず、生産者と消費者の持続的な関係の構築を目的としており、それぞれの国で「小規模の地域農業を支援する生産者と消費者の連帯」を意味する名称で活動が展開され、URGENCI（CSAの国際的なネットワーク）という国際的な連携団体を形成している。

　ドイツ、スイス発のCSAは、現在では、米国、カナダ（ASC）で大きく発展を遂げ、欧州では、フランス、イタリア、スペインなどでAMAP、GAS、Nekasereaという、それぞれ、家族農業、小規模農業、連帯などの意味合いをもつ言葉で表現されて展開し、アジアでも、韓国、中国などに広がっている。

国内の白書での位置づけと CSA の実際

　前述のようにCSAについては、日本国内においても平成11年（1999）版『環境白書』において取り上げられて以降、徐々に認知が進んでいる。『環境白書』では「地域の住民が農家の生産についての決定と労働に直接参加し、農業、農家、消費者間の結びつきを回復させ、有機農業を通じて地域社会を形成することをめざすもので1986年（昭和61年）以降多くのCSAの取り組みがアメリカでおこなわれている。このような取り組みの背景には、農業と環境の問題は、農家だけでなく地域全体にかかわるものだという認識がある」と、環境問題の視点から地域と農業のかかわりを示す活動として紹介されている。ただし、有機農業とのか

かわりは明示されておらず、体験農園などを「この種の取り組みとして今後の発展が期待される」ものとして位置づけるにとどまっている。[注4]

CSAの取り組みの特徴を実際に即して言えば、次のとおりである。

①生産者と消費者が流通事業者を介さず直接に結びつく

②消費者は前払いを原則に一定期間の購入を約束して共同購入に参加する

③産消ともに地域の農業を支援する理念を有している

より具体的には、①生産者は一農場であることが多いが、複数もしくは団体を形成する場合もある、②野菜を取り扱う場合は、消費者は単品ごとに注文するのではなく、その時期に収穫される数種類の野菜を生産者が詰め合わせて提供する、③扱われるものは主に有機農産物である、④ローカルフードを是とするという理念を有しているが、生産者と消費者の物理的距離は20km（四里四方）から150km（100マイルダイエット）まで国ごとにさまざまである。

以上を踏まえて、ここではCSAを「生産者と消費者が農業の持続的なあり方についての価値観を共有し、両者が一つの組織となることでそうした農業の実現のためのコストと成果を分けあうための仕組み」と定義する。ここでの農業の持続的なあり方には、地産地消志向や環境負荷低減を含意している。

CSAの理念は生産者と消費者の連帯による健全な社会の実現であり、そのための小規模農家の地位向上、消費者の求める食材の提供をめざすものである。さらには、現在のグローバリゼーション同様、共有の現代史を背景として登場したものであり、その理念は生産者と消費者の連帯による健全な社会の実現、そのための小規模農家の地位向上、消費者の求める食材の提供をめざすものである。

当然ながら、各国での市民意識の成熟や生活スタイルのあり方の違いから、理念の実現方法、つまり産消の連帯方法と実践方法は異なるものとなる。それらを比較することで逆に共有の理念を再確認、評価することができる。

CSA の成立形態・運営方法の多様化

　CSAでは、生産者と消費者は流通業者を介さず直接に結びつき（生産者が個人、複数、組織、消費者が個人、グループ、組織などさまざま）、消費者は前払いを原則に一定期間の購入を約束して共同購入に参加することになる。

　また、産消提携（TEIKEI）でも同様の考え方があるが、有機農業の実践における収穫物のシェアを目的とするだけでなく、そのプロセスにおけるリスクのシェア、つまり、とれ過ぎた場合はそのすべてを消費者が引き受けるだけでなく、収穫がない場合は所得がなくなるというリスクを生産者だけに負わせないことを前提としている。

　そのため、前払いによるリスク分担と同時に支払額を固定し、かつ農産物を詰め合わせの形で購入することによって作付け作物の全品を引き取るのが基本型となる。つまり、成果物としての農産物だけに価値を評価するのではなく、農場の生産環境や生産のプロセス全体を評価する点がCSAの特徴である。

　さらに、消費者には、労働力提供の義務づけだけでなく、スライディング・スケールと呼ばれる所得に応じて支払い価額に差を設ける設定（狭義には賃金を消費者物価指数の変動に応じて自動的に調整する、つまり賃金＝所得の物価スライド制をいうが、生命保険は加入年齢によって、国民健康保険は所得に応じて支払額が異なるのと同様）がおこなわれるCSAもあり、生産サイドの持続性だけでなく、消費者側の参加や持続性にも配慮していることが特徴といえる。

　先述のように、CSAでは、地域の農業を支援する理念が、生産者と消費者のあいだで共有されている。CSAにおける前払いルールは、万一、収穫物がなくても払い戻しを期待しないものであり、TEIKEIが、単価通年固定・出荷全量引き取りによって過剰な収穫を青天井で引き受けたやり方よりも、生産者のリスク回避機能を発揮するものとなってい

葉物野菜を次々と収穫（神奈川県・なないろ畑農場）

る。そのため代金の前払いの意味は、生産者の所得保障よりも、消費者もリスクを請け負うことによって両者の関係を対等に近づける意味合いが強くなる。

　このようにCSAでは単なる経営方法、市場外流通チャネルであること以上に「生産者－消費者」の関係性を新たに組み立て直す点に双方の期待がある。もちろん、TEIKEIでも同様の試みがなされてきたが、CSAでは生産者の思想や農場経営の技術が直接支持され、農産物を生み出す場の生産環境までも包括的に支援されるという点で前進している。

国内での CSA の取り組み

トゥルー CSA としてのなないろ畑農場

　神奈川県大和市・綾瀬市にまたがる都市近隣の圃場を活用して展開する「なないろ畑農場」（2006年設立、2010年に株式会社化）は、米国の

CSA実践者から、その生産者と消費者が一体となった取り組みを「トゥルー CSA」、つまり本来のCSAと評価された。しかし、主宰者は、地域通貨を利用した協働農場を志向してやってきたまでで、その評価を受けるまでCSAの考えは知らなかったと語っている。ともあれ、その「トゥルー CSA」と評価された一因として、「なないろ畑農場」では、米国で「コアグループ」と呼ばれる、積極的に農場運営や実作業にかかわる消費者集団が形成されていることが挙げられる（第3章、および片柳義春『消費者も育つ農場』創森社、2017、参照）。

このコアグループが中心となり、生産者と消費者の交流イベント企画、メーリングリストの組織化、通信の発行、ブログやレシピ集の掲載など日常的な情報発信と学習活動のコーディネートをおこなっている。

出荷場に併設された直売コーナーでは、CSA用に分配されたあとの余剰農産物が、会員だけでなく近隣の非会員にも販売されている。この直売所の経営は、安定した売り上げが得られるだけでなく、地域住民との新たな交流を生み出している。さらに、出荷場の一部を改装してカフェスペースが設置され、農作業・仕分け作業に携わった会員が提供・利用する「畑ランチ」、有志が夕食を提供する「ジジババ食堂」などの企画も自然発生的に盛り上がっている。

このように会員の意見が農場運営に積極的に取り入れられることも、参加のモチベーションを高めている要因であろう。生産者が消費者を生産現場や経営に招き入れ、双方が相互にリスクを負いながら、生産の場を共同経営する関係性（産消一体型経営）が、CSAの土台となっている。ちなみに、なないろ畑農場の会員はおおむね80世帯程度で推移しており、そのうち、「コアメンバー」は20名前後である。また、収穫物の定期購入はおこなわず、企画や労働の提供を楽しんでいるボランティア数名の存在も興味深いところである。

TEIKEI のバリエーションとしての近似的 CSA

次節で触れるように、TEIKEIは1970年初期から始まる40年の歴史の

なかで多様な展開を見せている。

その結合形態を大別すると当初から、

①生産者、消費者がともに団体を組織し、その両者の団体間提携という形で結びつくもの

②生産者は個人で消費者が団体を組織して結びつくもの

の二つの形態が存在し、その後、産消提携運動として地方へ展開するとともに、

③消費者はまず団体を組織するが、複数の生産者と個別に提携を結ぶもの

④生産者が個別の消費者と結びつくもの

が見られるようになっていった。

外形的には②もしくは④の形がCSAに近いが、CSAは理念的には、農場と消費者が一体化を志向するものであり、同一視はできない。しかし、CSAの出発点である米国では、後述のようにすでにCSAのビジネス化がいわれており、その多くは④に近いものと考えられる。

CSA登場の背景にある国内有機農産物市場と TEIKEI

TEIKEI の展開過程

日本の有機農業運動の嚆矢として食品公害への危機意識や農業の化学化への批判などを背景とした日本有機農業研究会の成立（1971）に求めることが一般的である。しかし、戦前からの食養生の系譜や、ヒッピーカルチャーの影響を受けたコミューンの建設、宗教的理念を背景とする独自の活動などが、間接的にかつ相互に影響を受けながら、有機農業の流れを形成してきたと捉えることが妥当であろう。

また、市場流通にのることが難しい有機農産物は、主に自然食品店と産消提携ルートで消費者に届けられてきた。食養生の系譜から生まれた自然食品店の多くは農産物だけでなく、マクロビオティックなどの加工

品を扱い、ヒッピーカルチャーの影響を受けた自然食品店からは、現在のビオ・マーケットにつながる有機農産物、有機農産加工食品などの流通事業体が生まれた。MOAなど宗教的理念を背景とする自然食品店は全国に流通網を展開し、各地に残るよつ葉牛乳の共同購入会はそれぞれ独自に有機農産物の流通事業体として展開している。

生産者と消費者が直接に結びつき、後に産消提携と呼ばれるようになる方法は、1970年代初頭から活動が始まっている。初期の試行錯誤を経て、1978年に日本有機農業研究会が「提携の10か条」として示す実践理念を確立し、当初、都市部で展開していた活動が、1980年代中ごろから全国の地域に広がることとなる。

この時期を対象とする国民生活センターのアンケート調査（『消費者集団による提携運動』1991）では全国から253事例の回答を得ているが、把握されていない有力な事例も残されていることから、当時の産消提携の実践は300事例前後であろうと推測される。その後、1992年の有機農産物表示ガイドラインを経て、2000年のJAS法改正によって有機農産物に法的定義が与えられ、同時に認証制度が策定されたことで、流通の多様化とコンベンショナル化が始まり、産消提携は取り組み事例数およびその参加者数の減少局面を迎えている。

しかし、数百名を超える規模の団体間提携での活動の停滞は著しいものの、1農家が数十世帯の消費者に対応する小規模の提携は、販路の獲得のむずかしい新規就農者にとって有用な方法として現在でも各地で展開している。 また、こうした新規就農者にとっては、運動体的性格を強く印象づける産消提携よりも、CSAの呼称に魅力を感じるという意見も聞かれる。

市場環境の変化

有機農産物流通チャネルの多様化によって、現在、消費者が有機農産物を入手するには、提携型、産直型、店売型の3方法を選択もしくは併用することが可能である。

　CSAにおける農産物バスケットと同様のセット野菜で産消を結ぶ提携型では、当初から有機農業運動のリーダー的存在であった団体が活動を継続している。千葉県三芳村（現、南房総市）と東京都田無市（現、西東京市）などの消費者との「安全な食べ物を作って食べる会」のように800世帯の規模を維持している事例も見られるが、兵庫県の「食品公害を追放し安全な食べ物を求める会」のように、最大時の1800世帯から150世帯に減少している事例も見られる。また、当初の数世帯分を一か所に配送する共同購入は減少し、個別配送に移行していることが多い。「大地を守る会」、「らでぃっしゅぼーや」、「オイシックス」（3社はオイシックス・ラ・大地として一本化）などのような専門事業体と呼ばれる流通団体を通じて産地から直接購入できる産直型では、大規模の流通事業体や生協が産地にアプローチすることで成立しており、提携型と同様のセット野菜の農産物は、特定の生産者のものだけでなく、全国の産品が同梱されている。自然食品店などを利用すれば店舗で随時購入できるが、ビオマーケット、マルタなどの専門卸の展開によって、生産者が地元の枠を外れ、全国的な組織化を展開し大規模のロットに対応しようとしている。

　今後の有機農業を支えていくのが以上のどのタイプとなるのかについては、消費者の利便性の面から店売型の可能性が高いと見られがちだが、実際は、一部でオーガニック専門量販店の出店が見られるものの、全体的な拡大は進まず、専門卸の取扱量も伸び悩んでいる現状にある。[注5]食品の安全性を考慮する消費者は、店売型ではなく提携型もしくは産直型を選択し、なかでも有機農産物を意識的に購入する場合は、提携型を利用している実態が推測される。

　筆者の調査によれば、提携型に参加する1農家当たりの消費者数は40世帯前後であり、野菜の単価は一箱当たり1500 〜 3000円。産直型の「大地を守る会」などの専門事業体の場合は、2000 〜 3500円のセット野菜、生協の場合は品目ごとの個別注文で購入している。店売型で有機野菜を購入する場合、慣行との価格差は1.5 〜 2倍になっている（平成28

年度農林水産統計月報）。

環境変化に伴う産消提携の変容と CSA の登場

　国内でも早期の1974年から活動が始まり、同一県内での産消提携が多様に成立している兵庫県を事例にとると、当初の産消提携は、生産者と消費者それぞれが団体を形成し、その両者が結びつく形で成立している。「食品公害を追放し安全な食べものを求める会」（以下、求める会）をはじめ、「安全な食品を育てる会」「安全な食品を広げる会」など、消費者が生産者にアプローチすることによって生産者団体が形成され、それに対応する形で消費者も団体を形成していた（生産者団体と消費者団体による１：１提携）。過渡期には、消費者団体が形成され、複数の地域の異なる生産者と結びつくが、生産者が組織されないまま提携が継続していく「姫路有機野菜の会」などの事例（未組織生産者と消費者団体によるn：１提携）[注6]も見られた。

　現在では、生産者だけでなく消費者も後継者確保がむずかしく、消費者団体の参加者の減少に応じて、生産者は、個別に多様な販路を求め始めている。また、消費者が組織による共同購入という形態を忌避するため、生産者が複数の消費者と結びつく場合であっても、消費者は個別の顧客であり団体を形成していない事例（個人生産者と未組織消費者による１：n提携）や、生産者も組織化されず複数農家の連携にとどまる事例も見られるようになっている（未組織生産者と未組織消費者によるm：n提携）[注6]。

　CSA概念の普及とともに、「メノビレッジ長沼」（生産者と消費者がCSAとして一体化）、「なないろ畑農場」（同上）など提携ではなくCSAを標榜する活動が知られるようになり、意識の希薄化した消費者にたいして、生産者がさまざまなコミュニティ維持のアプローチを工夫している実態が見られる。

　一方、CSAを標榜せずとも同様の要素を持つ取り組みは存在する。例えば、三重県でもっとも初期から取り組まれている産消提携である菜

図1-1　参加世代（左：菜遊ファーム　右：なないろ畑）

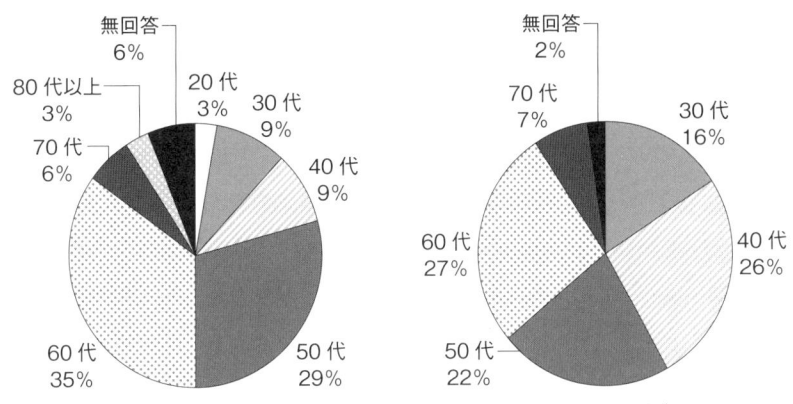

図1-2　参加動機（左：菜遊ファーム　右：なないろ畑）

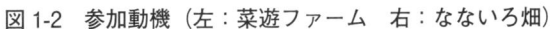

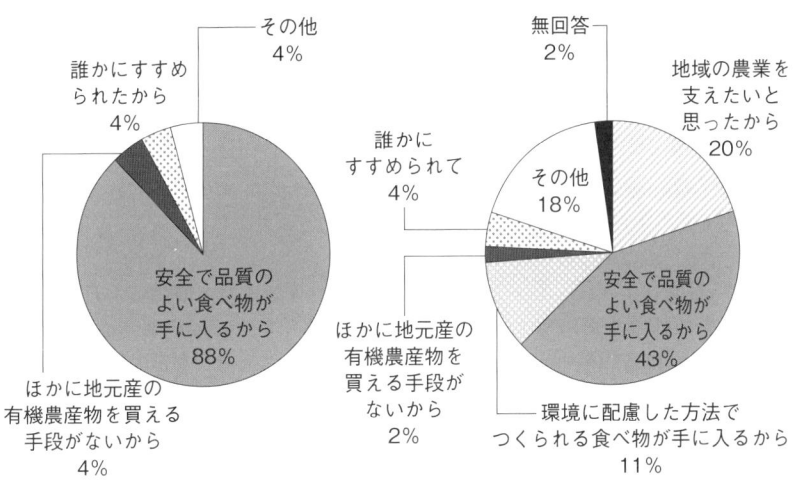

遊ファームは、新規就農者と公害反対運動に取り組む市民団体が結びついたことを契機に取り組みが始まり、4名で構成する生産者団体が1978年から月々の支払額を固定してセット野菜を供給していた（後に二分裂）。これは国内の産消提携運動において初期から試みられているお礼方式と呼ばれる形態である。営農計画もあくまで生産者側が主体である。また、前払いではないものの、内容にかかわりなく代金は固定である。こうしたCSAの要素を持つ方式が産消提携の一類型として以前か

ら存在していた。

　少ないサンプルではあるが、2013年時点での従来の産消提携の現段階の一例として、菜遊ファーム・グループ菜々（回答数60/80世帯）とCSAなないろ畑の会員（回答数50/80世帯）の属性・意識などの違いを紹介しておくと、CSAに世代の若返りとともにその参加動機に食への安全志向だけでなく、環境志向、地域志向が見られるようになっている**（図1-1、図1-2）**。

　地産地消志向の前提が、農産物の安全だけでなく、それをもたらす栽培方法による環境貢献となっていると考えられる。停滞するオーガニックマーケットへのアプローチとして、マスマーケティング的には依然として安全安心志向への訴求であろうが、消費者の意識に直接訴えかけるには、こうした小規模の相互関係の構築と時間をかけてその需要を満たすことがもっとも有効であろう。

〔注〕
⑴ Henderson（2007）他における記載だけでなく、米国の関係者において周知の事実となっている。
⑴ 大山（2003）参照。
⑶ USDA（2007）ではCSAを通じて農産物を販売する農場は1万2549とされているが、ウェブ上で産直農場を紹介するLocal Harvest（http://www.localharvest.org/csa/）では4000とされており、相当の開きがある。コーネル大学地域食料・農業プログラム（2002）によればCSAが盛んなイサカ市などがあるニューヨーク州におけるCSA農場は80であることから推測すれば後者のほうが実態に近いように思われる。
　　一方で、CSAの手法は各国に受け入れられており、URGENCI（http://www.urgenci.net）によれば、カナダではAgriculture soutenue par la communauté（ASC）、イタリアでGruppi di Acquisto Solidale（GAS）、フランスでAssociation pour le maintien de l'agriculture paysanne（AMAP）、ポルトガルでRecíprocoと呼称され、有機農業を実践する家族小規模農業を守る取り組みが展開されており、近年では欧米だけでなく中国、タイでも取り組まれ始めたことが報告されている。
⑷ この『環境白書』の取り上げ方は、CSAが有機農業を実践する農場を支援する仕組みであることを明示していないことが問題である。大山（2003）

によれば、CSA農場は公的認証取得の有無はあっても、ほとんどが有機農業を志向し、実践している。有機農業という、支えるに足る農業を実践しているからこそ、事前予約、前払いといった負担の多い方法が消費者に受け入れられているという実態を無視した紹介をおこなったことが、現在のCSAにたいする誤解の原因となっている。

⑸ 農水省統計局のJASによる有機農産物格付け数量から年次推移を見ると、有機農産物は平成13年度から平成29年度にかけて、国内格付けの2.1倍増にたいして、有機加工食品は1.1倍増となっている。量販店の有機農産物の取り扱いに目覚ましい変化が見られない一方で、海外で格付けされるJAS認定有機農産物は、海外仕向けを含めると22倍という大幅な伸長を示しており、これらが外食店用食材、有機加工食品の材料として供給されていることを示唆している。

⑹ n, mは未組織の複数を示している。

〔参考文献〕

片柳義春（2017）『消費者も育つ農場〜CSAなないろ畑の取り組みから〜』創森社

唐崎卓也他（2016）『CSA導入の手引き』農業・食品産業技術総合研究機構農村工学研究所

波夛野豪（2013）「CSAの現状と産消提携の停滞要因」『有機農業研究』第5巻第1号

波夛野豪（2007）「CSAによる生産者と消費者の連携−スイスと日本の産消連携活動の比較から−」『農業および園芸』83（1）、pp.190〜196

波夛野豪（2004）「あらためて産消提携を考える」『有機農業研究年報』VOL.4、pp.53〜70

大山利男（2003）解題・翻訳『アメリカのCSA：地域が支える農業　のびゆく農業』944、農政調査会

グロー・マクファーデン、兵庫有機農業研究会訳、1996『バイオダイナミック農業の創造』新泉社

McFadden, S(2003), The History of Community Supported Agriculture,

日本での CSA の成立と展開

農業・食品産業技術総合研究機構　唐崎卓也

日本における CSA をめぐる背景

　日本国内の農と食をめぐる環境は、経済のグローバル化や生産から消費に至るプロセスの複雑化などを背景に、両者の距離と関係性が乖離しつつある。農の現場では生産者の高齢化が進み、農業の衰退のみならず、社会生活の基盤である地域コミュニティの崩壊が危惧されている。また、食の当事者である消費者のライフスタイルは、中食や外食の利用による「食の外部化」の傾向を強め、農業生産の現場や食品流通の実態を見えにくくし、消費者の農産物や農業にたいする関心の薄れが危惧される。農と食の距離と関係性をいかに見直すかは、農業や流通の問題にとどまらず、社会的な課題ともいえる。

　一方、都市住民が農業体験や援農、園芸福祉などを通じて農に親しむライフスタイルが広がりを見せている。若者を中心に、都市住民の農村への関心が高まりつつあり、農村への移住を志向する動向は「田園回帰」と称されている。また、「農福連携」に見られるように、障がい者による農業分野での就労や体験を通じた社会参画を促進する活動もおこなわれている。これらの動きは、農業・農村が持つ多面的機能に注目したものといえ、国の施策にも現れ始めている。2015年に制定された都市農業

振興基本法では、都市農地の位置づけを従来の「宅地化すべきもの」から都市に「あるべきもの」へと大きく転換し、計画的に農地を保全することを求めている。

　農と食の距離の乖離が進むなか、このような流れは両者の新たな関係性を構築するオルタナティブな動きといえる。以前からおこなわれている農業体験や都市農村交流は、農と食の距離の接近をはかる活動であるが、都市住民にとってのレクリエーションや観光としての側面が強い。これにたいし、現在動き始めているのは、都市住民ないしは消費者が農業や農村に積極的に関与し、生産者や農村住民と有機的な関係性を構築する創造的な試みといえる。

　こうしたなか、生産者と消費者の協働による新たな農業のモデルとして、CSAが近年注目され始めている。CSAは、生産者と消費者が、前払いによる農産物の契約を通じて相互に支え合う仕組みである。農作業や出荷作業などの農場運営に消費者が参加する特徴をもち、生産者と消費者が経営リスクを共有し、信頼に基づく対等な関係によって成立する。CSAは、都市住民ないしは消費者による、農業への主体的かつ積極的な関与が見られることに大きな特徴があるが、同時に、農を軸としたコミュニティ形成や、地産地消、有機農業の振興など、地域や環境への多様な効果をもたらす新たな農業モデルとしても注目される。

　従来、日本においては、産消提携や産直活動、オーナー制といった産地や生産者と消費者とが直接関係をもつ活動はおこなわれてきた。また、農業体験や都市農村交流活動を通じた生産者と消費者の交流は、現在も全国的におこなわれている。これらの活動が安全・安心な農産物の購入や、レクリエーション、地域振興イベントの側面が強いのにたいし、CSAは生産者と消費者の関係性に大きな違いがあるといえる。

　CSAはアメリカで1980年代に最初に始まったとされ、現在では欧米を中心に世界的な広がりを見せている。近年では、中国、韓国、台湾といったアジア諸国でも、CSAないしはCSAと近似したコンセプトをもった活動がおこなわれている。

しかし、国内ではCSAの実践事例は少なく、現状ではわずかに数事例が成立するにとどまる。CSAは国内ではすでに触れられているように「地域支援型農業」と訳されることが多い。「地域」ないしは「コミュニティ」が地域の農業を支えるという言葉からくるイメージは、マスメディアやまちづくりに関心をもつ市民、そして消費者と密接につながる農業をめざす生産者から注目を集めている。2017年にはCSAに関する国内での取り組みに関する初の書籍である『消費者も育つ農場〜CSAなないろ畑の取り組みから〜』（片柳義春著、創森社）が出版されるなど、国内ではCSAが徐々に認知されつつある。

日本における CSA の誕生と現状

CSAは欧米を中心に世界的に普及しているが、日本では事例が少ない。明確なCSAのコンセプトと特徴をもつ国内の事例としては、第3章で紹介される神奈川県大和市の「なないろ畑農場」、北海道長沼町の「メノビレッジ長沼」、千葉県柏市・我孫子市の「風の色」、茨城県つくば市の「つくば飯野農園」など、現状ではわずかである（**表1-2**）。

一方、日本では、1970年代から広まった産消提携を含めて、生産者と消費者の連携に基づくCSAと共通点をもつ活動は、少なからず見られ

表1-2　国内の CSA の事例

（2017 年 12 月現在）

国内の CSA	北海道長沼町「メノビレッジ長沼」（1996 〜)、北海道札幌市「ファーム伊達家」（2005 〜)、神奈川県大和市「なないろ畑農場」（2006 〜)、北海道本別町「ソフィア・ファーム・コミュニティー」、北海道岩見沢市「星耕舎」
新たな CSA	千葉県我孫子市「風の色」、茨城県つくば市「つくば飯野農園」
CSA に近い産消提携	東京都世田谷区の「大平農園」、埼玉県小川町の「霜里農場」、三重県津市の「菜遊ファーム」、大阪府能勢町の「べじたぶるはーつ」など
米など単品・特定品目のCSA	宮城県大崎市「鳴子の米プロジェクト」、「食べる通信」（全国各地）、埼玉県小川町「こめまめプロジェクト」

る。東京都世田谷区の「大平農園」、三重県津市の「菜遊ファーム」、大阪府能勢町の「べじたぶるはーつ」などの事例は、これまで日本でおこなわれてきた産消提携の活動といえるが、CSAと近いコンセプトと特徴をもっている。

　日本において、明確なCSAのコンセプトをもって開設された最初の農場は、「メノビレッジ長沼」である。メノビレッジ長沼は、カナダとアメリカでCSA農場を立ち上げた経験をもつアメリカ出身のエップ・レイモンド氏と妻の明子氏が、北海道長沼町に就農し、開設した農場である。農場は、北海道出身である明子氏の夫妻が所属する知人らと協力し、地域住民による支援も受けながら1995年に開設された。翌1996年にCSAを開始した。CSAの立ち上げにさいしては妻の明子氏の両親の知人などに参加を呼びかけ、主に札幌市内の消費者がCSA会員として加わっていった。メノビレッジ長沼では、CSAの特徴である消費者会員によるボランティアや生産者との交流がおこなわれている。メノビレッジ長沼は、研修生の独立による労働力の不足などから、2018年現在CSAを休止している。しかし、開始してから20年近くCSAを継続し、安定した農業経営をおこなってきた。地域の生産者との協力や住民との交流も見られ、農業の担い手として地域に定着している。

　北海道には、メノビレッジ長沼のほかにもCSA農場が誕生している。北海道札幌市の「ファーム伊達家」は、メノビレッジ長沼で研修した農場主がCSAを立ち上げた。北海道本別町「ソフィア・ファーム・コミュニティー」、北海道岩見沢市「星耕舎」の二つの農場は、バイオダイナミック農法を実践する農場として、CSAを立ち上げた。バイオダイナミック農法は、1980年代にアメリカで最初にCSAに取り組んだ二つの農場が実践した農法である。バイオダイナミック農法はルドルフ・シュタイナーによって提唱された循環型農業である。ドイツやスイスで普及しており、アメリカでのCSAの発祥に影響を与えた。

　北海道以外の地域で最初に開設されたCSAは、神奈川県大和市の「なないろ畑農場」である。なないろ畑農場は、非農家であった片柳義春氏

農作業にも消費者会員が参加（神奈川県・なないろ畑農場）

が2003年に新規就農し、生活クラブ生協組合員や一般の消費者と協力して開設した農場である。農薬・化学肥料不使用による資源循環型の農業を実践し、2006年からCSAを開始した。契約する野菜セット数は約80前後で推移しており、圃場は大和市、座間市、そして遠隔にある長野県辰野町の合計約3.7haにまで拡大している。なないろ畑農場は、会員同士の交流を積極的にはかり、食と農へのかかわりを通じたコミュニティづくりに力を入れている。なないろ畑農場のCSAは「トゥルー（本来の）CSA」として評価されており、コミュニティベースの典型的なCSAといえる。

　なないろ畑農場のCSAは、「消費者参加型農場」をコンセプトとしている。片柳氏は、CSAのCの字が、なないろ畑農場ではもう一つ意味をもち始めているとする。それがコーポラティブ（Corporative）であり、「地域通貨」や「ワーカーズ・コレクティブ（協同労働）」に取り組もうとするなど、消費者会員による農場経営への関与を強めながら、農業を通じたテーマ型のコミュニティ形成へと向かいつつある。

消費者との交流・試食会（千葉県・風の色）

　近年では、千葉県柏市・我孫子市の「わが家のやおやさん　風の色（以下、風の色）」、茨城県つくば市の「つくば飯野農園」が新たにCSAを開始した。いずれも東日本大震災後、原発事故の影響を受けた地域において、消費者ないしは消費者グループと協力してCSAを立ち上げたものである。詳しくは第3章で紹介されるが、それぞれの特性に合ったCSAを模索し、工夫しながら、独自のCSAを展開している。

CSA と共通点をもつ活動

　日本では明確にCSAのコンセプトと特徴をもつ農場は少ない。しかし一方、日本では、1970年代から広まった産消提携を含めて、生産者と消費者の連携に基づくCSAと共通点をもつ活動が、少なからず見られる。その一つとして、オーナー制度が挙げられる。中山間地域の棚田で取り組まれている棚田オーナー制は、棚田の景観や環境の保全への価値意識をもつ消費者が会員となり、定額の契約によって一定の区画分で収

平飼いの卵用鶏（北海道・メノビレッジ長沼）

穫された米を購入する点で、CSAと共通点をもった活動といえる。し
かし、オーナー制度は、米や大豆、果樹などの単品を対象とすることが
多く、消費者会員の農業体験による農作業参加は見られるものの、栽培
は生産者にゆだねられている。また、不作時であっても一定量の収穫物
が保証されていることが多く、生産者と消費者がリスクを共有している
とはいえない。CSAとオーナー制の違いは、そうした生産者と消費者
との関係性にあるといえる。

　CSAのコンセプトをもつ活動事例として、宮城県大崎市の「鳴子の
米プロジェクト」が挙げられる。このプロジェクトは、地元で栽培され
ている米品種「ゆきむすび」を、農家を支援する消費者が60kg当たり
2万4000円で予約購入し、農家には手取り1万8000円を保証する仕組み
である。この差額の6000円は、事務経費や若い担い手を育てる事業資金
にあてられる。品目は米に限定されるものの、地元産米を地域の温泉旅
館・ホテルや消費者が買い支える仕組みとなっている。

　このほか、埼玉県小川町霜里地区では「こめまめプロジェクト」とし

レタスなどの収穫体験日（茨城県・つくば飯野農園）

て建築会社である株式会社OKUTAが、小川町の有機農家と連携して開始した。株式会社OKUTAの社員は、小川町での農業体験に参加するとともに金子美登氏らの有機農家グループが生産する米を毎年買い取り、社員がシェアしている。こうした都市部の企業による農村地域との交流や買い支えは、企業にとってもCSR(企業の社会的責任）の効果があると思われる。

　一方、CSAのコンセプトをもつ全国的なサービスも誕生している。現在全国で展開する「食べる通信」はその一つである。「食べる通信」は、「読みものと食べものがセットになった定期購読誌」とされ、2018年4月現在、全国37地域で刊行されている。最初に発足した「東北食べる通信」は、月2580円で年2～3回の東北地域の産物とともに、生産した農家や漁師を紹介する記事をカタログとして会員に届けている。

　また、2017年には楽天株式会社と愛媛県の株式会社テレファームが、消費者と無農薬や減農薬などの農作物を育てる生産者をつなぐ、インターネットを介した地域支援型農業サービスとして「Ragri（ラグリ）」

を立ち上げた。Ragriは農産物ネット通販事業としての特徴をもつが、消費者と生産者をつなぐプラットフォームを提供する以外に、新規就農者の支援をおこなうとし、株式会社テレファームは、新規就農者の採用、研修活動に取り組んでいる。

「食べる通信」や「Raguri」は、従来のネット通販事業とは異なり、生産者や産地支援をコンセプトとしている点でCSAとの類似点をもつ。こうした新たなサービスは、ネット時代に対応した宅配による広域型のCSAとしての可能性をもつと考えられるが、この場合のCはコミュニティ＝地域でなくコンシューマー＝消費者と捉えるべきであろう。

CSA を推進する国内の動き

CSAを日本で広く紹介した刊行物の一つは、『平成11年版環境白書』（環境庁、1999）である。その後、農林水産省は、平成21年度の『食料・農業・農村白書』の中で、消費者等が生産者を支える動きとしてCSAを紹介している。2010年3月に策定された「食料・農業・農村基本計画」では、CSAを「消費者が農業者と農産物取引の事前契約を行う農業である『地域支援型農業』」としたうえで、「（CSA等の）連携軸につながる新たな取組について、先導的な取組や成功例を収集・分析するとともに、これを広く発信し国民各層への理解と具体的行動を喚起する」との方針を示している。これに対応して、農林水産省は、2010年度委託事業として「農業と消費者の新たな『結びつき』に関する実態調査」を実施した。同調査は、㈱ツーリズム・マーケティング研究所が受託し、国内のCSAの事例について調査し、紹介した。

また茨城県では、県の農業改革大綱（2011 ～ 2015）のなかで、CSAを取り上げている。推進すべき施策として、生協と生産者の提携などの「地域支援型農業」をめざす取り組みを促進するとしている。このように行政によるCSAへの関心は高まりつつあるが、現状ではCSAを紹介するにとどまり、CSAそのものを支援する事業は見当たらない。

　こうしたなか、三重大学大学院・波夛野豪教授を代表に、CSAの実践者や研究者、CSAに関心をもつ市民に参加を呼びかけ、2014年から定期的にCSA研究会が開催されている。CSA研究会では、国内外のCSA実践者による報告や、研究者による報告を交えながら、2019年5月までに7回の研究会を開催した。CSA研究会には、実践者、研究者だけでなく、国や地方自治体の行政職員、関心をもつ農業者や市民の参加も見られ、参加者数を徐々に増やしている。CSA研究会での議論を通じて、CSAが盛んにおこなわれている欧米に見られるように、CSA支援組織の必要が指摘されているが、その実現には至っていない。

CSAの展望と課題

　日本ではこれまで産消提携や棚田オーナー制など、生産者や消費者が連携した活動が数多くおこなわれてきた。しかし、なぜ日本でCSAが定着していないのか、東京農工大学の野見山敏雄教授（2009）は次の要因を示している。

　①日本の農産物取り引きにおいては、前払い方式の契約がなじみにくい

　②農場が任意団体のままでは、農地や固定資産の継承問題が発生する

　③生産者と消費者がリスクとコストを均等に負担するという運営理念が一般化できるか否かが課題である

　このほか野見山教授は、背景的要因として、日本ではアメリカと異なり、新鮮で安全・安心な野菜を入手しやすい環境が整っており、国産の生鮮食品に限れば、残留農薬や偽装表示の問題が少なく、消費者はリスクを負担することなく、入手できる環境にあること、などを指摘している。

　一方、三重大学大学院の波夛野豪教授（2010）は、欧米と日本との比較から、欧米のCSAではフランスのAMAP地域協議会やスイスの農民組合ユニテールといったCSAをサポートするNPOが活動しているのに

たいし、日本では産消提携の協議会的な組織として日本有機農業研究会があるものの、その活動は情報提供にとどまり、マーケティング機能を有していないとし、活動を支援する協議会組織の違いを指摘している。

　また、波夛野教授はCSAと直売所との関係にも着目し、欧米では、農家がみずから生産品の販売をおこなうファーマーズマーケットがCSAの制約を補完し、さらには会員拡大の意味合いをもって機能しているのにたいして、日本の直売所は基本的に委託販売であるため、生産者が消費者と対面することが少なく、CSAを補完し、生産者と消費者の信頼関係を構築する機能を有していないことを指摘している。

　また、CSAを普及するうえでの課題として、筆者らがCSAに関する勉強会を開催するなかで、有機農家からCSAにたいする躊躇の声も聞かれた。例えば、「私たちはプロの農家として、質の高い野菜をつくることで対価をもらっている。不作になるからといって、同じお金を先にいただくことには違和感がある」という声や、「つてがないので、消費者とのつながりを見つけにくい」、「消費者のグループの方からの働きかけがなければ、生産者みずからがCSAを立ち上げるのはむずかしい」、「CSAに必要な野菜セットをつくるには、出荷できる品目数が足りない」などの声が聞かれた。

　CSAの普及には、こうした生産者側の躊躇を払拭する必要がある。それには、CSAの経営的なメリットや、コミュニティ形成などの地域に及ぼす多様な効果を認識するための研究蓄積、知見が求められる。

　欧米にはCSAを支援したり、農家間の連携をはかる組織がある。今後、日本でもこうした機能をもつ組織づくりが求められる。例えば、ニューヨーク州にあるNPO法人 Just Food（ジャストフード）はこうした機能をもつ組織である（**図1-3**）。主な機能として、情報提供、認証、仲介の機能がある。これらのすべてを担う組織づくりは、簡単にはできないが、まずは情報提供の機能を基本として、組織づくりに取り組む必要があるだろう。

　以上のように、欧米と日本ではCSAを取り巻く背景の違いがあり、

図 1-3　ジャストフードの組織と機能

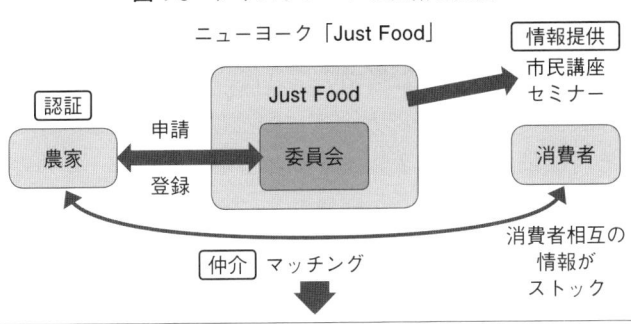

情報提供機能	CSA について農家、消費者への啓蒙をおこなう
仲介機能	生産者・消費者の契約を促進する。生産者と消費者のマッチングをおこなう
CSA の 認証機能	基本的な CSA の要件を満たすものを認証する。CSA の質を確保する。 フランス AMAP では、アリアンス・プロヴァンスが「AMAP 憲章」を制定し、「AMAP」を商標登録することで、認証の機能を担っている

　日本でCSAが広く普及するには至っていない。しかし、第3章で紹介する国内での実践事例からは、消費者との連携をはかりながら新規就農者が地域農業の新たな担い手として定着している点で、日本におけるCSAの可能性を読みとることができる。

　また、現在は行政による事業としてCSAに関する支援はおこなわれていないが、各種事業を通じてCSAの導入を促進することが考えられる。例えば、農林水産省の「多面的機能支払交付金」は、水路、農道などの農業用施設を維持管理するための地域の共同作業に支払われる交付金であるが、担い手農家への負担が増すなかで、地域の非農家の参加を求めている。多面的機能支払交付金の活動を実施する地区のなかには、施設管理による共同活動を契機に、地域ぐるみによる農業振興につなげている事例も見られる。このほか、「農山漁村振興交付金」などの事業を通じて、間接的にCSAの導入につながる活動を促進することは可能といえる。

　CSAは、従来の産消提携やオーナー制度とは異なり、同じ地域内の

消費者と農家をつなぎ、コミュニティ機能を向上させることに大きな特徴があるといえる。都市近郊地域でCSAを成立させている、なないろ畑農場、風の色、つくば飯野農園のように、住宅地が近接する都市近郊地域で有機農業を志す農家にとって、CSAは一つの選択肢になりうる。しかし、それは単なるビジネスモデルとしてではなく、食の安全や地域の農業・環境保全に関心をもつ消費者との連携に基づく、農業を通じた地域づくりやコミュニティ形成の視点をもつことが求められる。

〔参考文献〕

片柳義春『消費者も育つ農場〜CSAなないろ畑の取り組みから〜』創森社、2017年

唐崎卓也『CSA導入の手引き』農業・食品産業技術総合研究機構農村工学研究所、2016年

小山厚子「農家と食べ手が大地の恵みとリスクを分かち合うCSA」2010年、婦人之友、104（2）

高橋博之『都市と地方をかきまぜる『食べる通信』の奇跡』光文社新書、2016年

野見山敏雄「都市地域の農業と市民」食糧の生産と消費を結ぶ研究会編『食料危機とアメリカ農業の選択』，家の光協会、2009年

波多野豪「CSAの現状と産消提携の停滞要因　スイスCSA（ACP：産消近接契約農場）の到達点と産消提携原則」2013年、有機農業研究第5巻

波多野豪「CSAによる生産者と消費者の連携−スイスと日本の産消連携活動の比較から」2008年、農業および園芸、83（1）

波多野豪「直売所を生かした日本型CSAの可能性−産消提携と欧米のCSAに学ぶ」2010年、現代農業増刊号『人気の秘密に迫る　ザ・農産物直売所2010年2月号』農山漁村文化協会

結城登美雄「『鳴子の米プロジェクト』で支える希望の田んぼ、希望の米」現代農業増刊号『いま、米と田んぼが面白い2007年8月号』農山漁村文化協会、2007年

第2章

Community
Supported
Agriculture

欧米における
CSA の動向

GAS 提携農場の野菜仕分け（イタリア）

CSA の原型・スイスと日本の TEIKEI 原則

三重大学大学院　波戸野 豪

CSA の原型

　CSAの原点となった米国の二つのCSAのうち、テンプルウィルトンファームはドイツのブッシュベルク農場をモデルとしている。これはR・シュタイナーが提唱するバイオダイナミック農法の実践農場であり、シュタイナー哲学の信奉者（アントロポゾーフ）の農業共同体である。[注1]もう一つのインディアン・ラインファームは、CSA活動のシンボルとなったロビン・ヴァン・エンが、スイスでErzeuger-Verbraucher-Gemeinschaft（EVG：生産者消費者共同体）と呼ばれる団体であるトピナンバー（Topinambur）での活動を経験したヴァンダー・トゥインとともに創始した。[注2]

　スイスのEVGは1980年前後に成立し、現在も３団体が存続している。その一つであり1978年から活動を持続しているジャルダンコカーニュ（Les Jardins de Cocagne）をモデルに、ユニテール農民組合（UNITERE）のイニシアティブによって2003年からACP（産消近接契約農業）[注3]という活動が展開されている。これは、2000年にフランスでAMAPが成立した影響を受け、逆輸入の形でCSAをスイス・フランス語圏に導入したものである。

このジャルダンコカーニュは、また逆に、1991年よりフランスの社会福祉団体に取り入れられ、同名のソーシャルファームとして全国130か所にまで広がる困窮者支援の取り組みとなっている。[注4]

ACP（産消近接契約農業）の展開

スイスでは1970年代末から前述のEVGが、生産者と消費者の共同出資による協同組合農場として成立している。インディアンラインファームのメンバーが学んだというチューリヒのトピナンバーの存在に関しては確認できないが、前述のように現在、三つのEVG農場がオールドスタイルのCSAとしてスイスでの取り組みの先駆的存在となっている。ジュネーブのジャルダンコカーニュは、専従者2人で400世帯の消費者に農産物を提供しており（ウェイティングリストは80世帯）、仏語圏スイスでのCSAのリーダーとなっている。バーゼルのアグリコ（Agrico Birsmattehof、1980~）では、11人のスタッフが700人の消費者に農産物を提供している。かつて、二度の経営危機を消費者からの追加投資で克服した経緯があり、財務諸表をウェブサイトで公開するなど現在は消費者重視の経営姿勢を継続している。ジュラ州ではクレドゥシャン（Clef de Champs、1982~）が、専従者一人と消費者120人の産消協同農場として活動を継続している。

前述のように、スイスフランス語圏で、ユニテール農民組合が展開している、ACP（Agriculture Contractuelle de Proximité：産消近接契約農業）の取り組みを含め、2015年現在では60消費者1万800世帯）、独語圏で4（消費者800世帯）が継続中である。

2003年発足でACPの嚆矢となったジュネーブのトゥルヌレーヴ（l'affaire Tourne-Rêve）は消費者1500世帯を対象として、シリアル中心に年2回の出荷をおこなっている。他のACPにおいて、野菜を中心とした取り組みでは毎週配送（年に33回から46回）が多いが、果実、ワイン、穀物、長期貯蔵可能な農産物・加工品を扱う取り組みでは月1回、年2

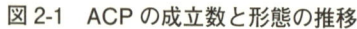

図 2-1　ACP の成立数と形態の推移

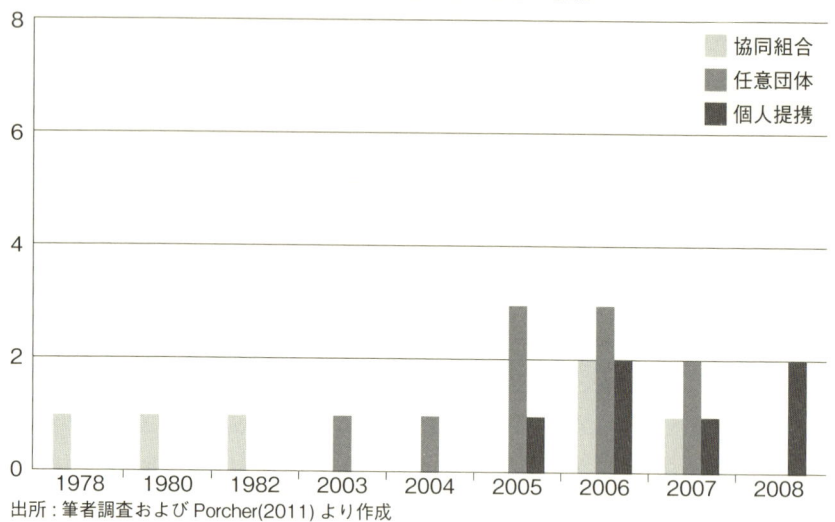

出所：筆者調査および Porcher(2011) より作成

回さらに少ない所では年に 1 回という取り組みも見られる。

　図2-1に2008年までのACPの21プロジェクトの成立数と成立形態を示している。これに見られるように、当初の協同組合組織から、任意団体（アソシエーション）や協同組合への回帰が見られるものの、近年は団体を形成せず 1 農場が消費者世帯に野菜を供給する個人提携が現れてきており、日本同様、産消双方の組織化の困難が推測される。

ACP における所得格差配慮

　ジャルダンコカーニュの運営方法には参加者の所得格差にたいする配慮が取り入れられている。これは、消費者の所得に応じて、内容が同じパニエ（野菜かご）にたいする支払額に差を設けるものである。ここではさらに、所得に限らず税控除対象となる養育すべき子どものいる消費者はクラス 1 として最低額の支払が適用される。また、所得申告をしない場合も、クラス10として最高額の適用を受け入れる消費者と、クラス0として中間ランクの支払額の適用を受ける消費者が存在する。クラス

0との幅は上下10%前後である。米国のCSAでは、このスライディングスケールの設計方法についてのマニュアルも存在し、スライド制を設けることで、農場の受取額が減少しないように設計すべきであるという記述も見られる。たしかに、自分の所得を申告しない場合の支払額が示されており、全員にそれを適用した場合の総支払額は、スライド制を適用した場合のそれとほぼ同額となっている。事前に所得申告を受け、スライド幅を計算したものと思われるが、参加者の流動性が高くなるとここまで細かい設定は不可能となろう。実際、米国での実施例はせいぜい3段階程度である。

　こうした所得配慮プログラムは、スイスでも後続のCSAに採用された形跡は見当たらないが、米国ではスライディングスケールと呼ばれ、多くのCSAが取り入れており、支え合いの取り組みとしては共有されるべき理念であろう。日本ではあまり認識されておらず、CSAの理念として強調されることもないが、あえて紹介しておきたい。

　表2-1に示すように標準サイズと小サイズの野菜かご（パニエ）の価格が11クラスの所得階層別に設定されており、例えば、標準サイズのパニエでは、1230chf（スイスフラン）から25chf刻みで1430chfまで設定されている。所得階層は年収1万8000以下のクラスから800chfごとにクラスアップし、最高で6万6000chf以上の所得クラスが設けられており、さらにクラス1（特別事由の控除対象者）には1230chf、クラス0（所得申告なし）には1370chf、クラス10（維持会員）には1550chfの設定がある。約400世帯の参加者のうち、11%はクラス0を選択しているが、所得格差は3.7倍で支払価額差は1.2倍である。

　4回の分割払いが可能である一方で、年3回半日の労働提供が求められる。クレドゥシャンでは1シーズン当たり15時間の労働提供義務とその出不足払い（出役が足りない場合の金銭負担）も課している。

　9割の会員が平均所得以下の階層にあり、ジュネーブという地域を考慮しても、高所得者のみが取り組む活動というイメージを払拭する効果を有している。

表2-1　支払いにおける消費者の所得格差への配慮　　　　サイズは野菜かご（パニエ）

クラス	年所得	標準サイズ			小サイズ			小サイズ		
		支払額	数	小計	支払額	数	小計	数	合計	%
1	養育費等控除	chf 1,230	10	chf 12,300	chf 900	11	chf 9,900	21	chf	5.3
2	18,000未満	1,255	13	16,315	920	7	6,440	20		5.1
3	18,001~26,000	1,280	16	20,480	940	9	8,460	25		6.4
4	26,001~34,000	1,305	23	30,015	960	17	16,320	40		10.2
5	34,001~42,000	1,330	29	38,570	980	23	22,540	52		13.2
6	42,001~50,000	1,355	24	32,520	1,000	26	26,000	50		12.7
7	58,000~50,001	1,380	27	37,260	1,020	26	26,520	53		13.5
8	58,001~66,000	1,405	30	42,150	1,040	13	13,520	43		10.9
9	66,000以上	1,430	25	35,750	1,060	20	21,200	45		11.5
10	維持会員	1,550	10	15,500	1,250	5	6,250	15		3.8
0	申告なし	1,370	16	21,920	1,010	13	13,130	29		7.4
合計	スライドあり		223	302,780		170	170,280	393	473,060	
	スライドなし	1370	223	305,510	1,010	170	171,700		477,210	

スライド幅: 標準サイズは－10%~+13%、小サイズは－11%~+13%
単位:chf（スイスフラン）。調査時点（2008）での為替レートは1chf=95円
出所：筆者調査および Porcher（2011）より作成

　この消費者の支払い能力に応じた多重価格設定と労働力という現物による支払方法の採用という所得格差に配慮した方式はほかのACPにはまだ採用されていないが、ACPのめざすべき目標とされている。

TEIKEI と CSA

両者の比較可能性

　TEIKEIとCSAとの関係については、米国ロデイル研究所のウェブサイトThe New Farmをはじめ、産消提携（TEIKEI）がCSAの源流として紹介されることが多い。しかし、通年契約や野菜のかご購入などCSAと提携に共通する要素の多くは、生産者と消費者が直接に結びつき、定期的な販売や購入を続けておれば、それぞれの活動のなかで内発的に創案されるアイデアであり、特定の社会背景を前提に生まれるものではない。共有の時代背景のもとで、直接の契機は異なっていても、共有の環境観、人間観、社会観をもって生産者と消費者という社会的属性を克服する試みを展開しているという認識を前提に比較分析をおこなうことが可能である。

　また、バスケット、パニエ、セット野菜は、ボックススキームとして同じカテゴリーに分類可能であるが、TEIKEIの実践に欠けていた要素を備えた新たな形態としてCSAを捉えることも可能である。例えば、TEIKEIがもっとも盛んであったのは首都圏であり、理念的には地産地消が先取りして謳われていたが、同一県内で提携が成立する事例は少数派であった。CSAに見られるようなコミュニティ志向よりも安心・安全志向が勝っていたことは否めない。以下では、ともにCSAの源流とされるTEIKEIとACPを例に比較を試みる。

運営理念と実践方法

　TEIKEIとCSAを比較する基準としては1978年に日本有機農業研究会

が示した「提携の10か条」が有用である。それは、①生産者と消費者の対等関係、②生産計画への消費者参加、③全量引き取り制、④単価固定支払、⑤援農ボランティア、⑥自主配送、⑦意思決定への共同参加、⑧消費者主体の学習活動、⑨適正規模の重視、⑩現実的対応・漸進主義、として示される産消提携運動を実践するなかから形成された指針である。ただし、その内容を吟味すると②、③、④、⑤、⑧など生産の持続のために消費者に求められる項目が多く、両者の関係を規定するものは①、⑦であり、残りの3項目は総体として求められるものである。

　提携活動が始まったとされるのは1974年前後であることを考慮すれば、この原則は実践に伴う試行錯誤に基づいて形成されたものである。したがって、その後の展開過程における変容によって、なかには原則との乖離が見られる事例も存在する。

　TEIKEIとCSAは、物的なやりとりにおいては共同購入による契約栽培という一面を有するため、買い手市場に傾くリスクを有している。そのため、重要なものは最初に掲げられた産消の対等原則であり、そのために当初の提携は両者がともに組織を形成したうえで関係を成立させる団体間提携が多くを占めたものと考えられる。しかし、現在の提携は、個別の生産者がまた個別の消費者と結びつく形態が多く、産消ともに組織を形成しないことで、ある意味パワーバランスが成り立っているともいえる。ただし、生産計画への消費者参加や援農ボランティアは減少する傾向が見られる。

　前述 のように、ACPにおいても近年は個別の生産者と消費者が結びつく形態が多く見られるが、この場合は、両者が一つの組織（CSA）を形成しているため、現状の提携よりも両者の結びつきは強いといえる。CSAを特徴づけるものは前払い契約であるが、提携原則にはその言及はなく、全量引き取りによって収穫の変動リスクをシェアするだけでなく、価格変動リスクを生産者に及ぼさないように通年固定での取り引きを求めており、ほとんどは後払いを前提としている。ただし、提携の場合は、生産者にたいして提携外の出荷を認めないことが多く、生産

者にとって出荷チャネルの複線化によるリスク回避を阻害し、消費者の参加数減少リスクを抱える結果となった。そのため、消費者が減少した近年では外部販路の確保も認めざるをえず、生産者も提携と並行してファーマーズマーケットやレストランなどに販路を広げつつある。

TEIKEIでは、「10か条」に生産者と消費者の対等な関係をうたいながらも、価格決定は生産者によるものとし、年間固定価格の一方で供給全量の引き取りを消費者に求めるなど、栽培リスクを分け合うための発想ではあるものの、消費者にとっては負担の多い購買方法を原則としている。また、流通も業者に任せるのではなく、生産者が担ってこそ、信頼関係を構築できるものとしていた。これは、生産者に所得獲得機会を提供するものではあったが、農作業に加えての配送の負担は相当大きいものであった。(注5)

その結果、1980年代後半以降に取り組まれた提携では、青天井であったセット野菜の内容量に制限を課す、配送方法をステーション単位での受け取りから個別宅配に変更し専門業者に任せる、といった修正がおこなわれ、同時に「縁」農も見学会に置き換わり、学習会活動も停滞するなどの変容を見せている。

ACPでは、生産計画や共同の意思決定などにおいて提携原則に沿った運営方法がとられている。また、活動の理念として生産者を支えることだけでなく、生産プロセスにおける公正性の確保と消費者の参画を維持するための工夫もCSAに共通の特徴であり、前述のようにジャルダンコカーニュでは、消費者の所得格差にたいする配慮として支払額に差を設けている。すなわち、TEIKEIでは価格以外の取引要素が有機農産物のやりとりに必要とされるが、ACPはそれらに加え、前述のように同一組織内での一物多価を認めるという方法を提示している。(注6)

TEIKEI の変容と CSA の今後の展望

現在の産消提携団体で、持続的な学習会活動をおこなっているところは少ない。新規参加の消費者は学習会よりも試食などのイベントを通じ

て参加することが多く、さらには反原発などのライフスタイルの選択へシフトしている。同時に、意識的な消費者にとっては、地域の農業を守るという、ナショナルトラスト（民間の史跡・自然景観保護組織）に近似したものとして捉えられてもいる。

CSAは、生産者にとっては、農場経営の一選択肢であり、流通方法の一手段としてファーマーズマーケットとの補完的関係にある。消費者にとっては共同購入の一形態であるが、購買力の結集によるコスト低減ではなく、市場で取り扱われないものの需要ロットを確保するための手段である。

現在も存続しているTEIKEIにおいては、団体間提携が維持されているが、新規就農者が消費者と提携を結ぶ場合は、生産者を組織することなく個人で提携している場合が多く見られる。現在は、流通事業体によっては組織化を求めることもあるが、供給量を確保するための緩やかなものであり、生産者の組織化が困難というよりも消費者の小規模化によって団体を形成する必要性が低くなっているためであろう。したがって、今後は従来の団体間提携ではなく、1：nの個人生産者と消費者による結びつき、もしくは産消が一つの農場を媒介として一体化したという意味で1＋n結合、すなわちCSA方式が有効であると考えられる。

生産者が1になると、農家内での分業の組織化が重要となる。例えば、生産物の鮮度を保つためには複数ルートで並行的に配達する必要があり、消費者との交流を苦手とする農家は、生産者のグループに参加してその負担を軽減してきた。生産者がmの場合は、その全員ではなく、少数のリーダー的な農家が運動を牽引することも可能であり、実際にTEIKEIではそうしたカリスマ農家が有名である。

しかし、生産者が1となった場合、この方法を採択する農家は栽培技術の高さだけでなく、その人間性や発する言葉の魅力によって消費者の信頼や評価を獲得する必要が高まってくる。こうした要件を備えることがむずかしい農家は、改めて従来型のTEIKEIを再評価することもありえよう。

ポスト TEIKEI モデルとしての欧州 CSA の特徴

　前述のように、TEIKEIが欧米のCSAの直接的な原型となったという認識はまちがいであるが、TEIKEIの出発点における理念が欧米のCSAに影響を与えたことは、AMAP憲章などの類似性から確認できる。ただし、ポストTEIKEIモデルと位置づけられる欧米、特に欧州のCSAは、産消提携運動の停滞を認識しているわけではなく、当然ながら、上記のTEIKEIモデルの欠如を補うという発想で組み立てられたものでもない。しかしながら、それらの特徴を探ると、産消提携運動の停滞要因、TEIKEIモデルに欠落している要素を再確認することができる（**図2-2**）。

ACP

　1978年よりスイスで協同組合方式によって農場が消費者組合員に農産

図 2-2　TEIKEI モデル

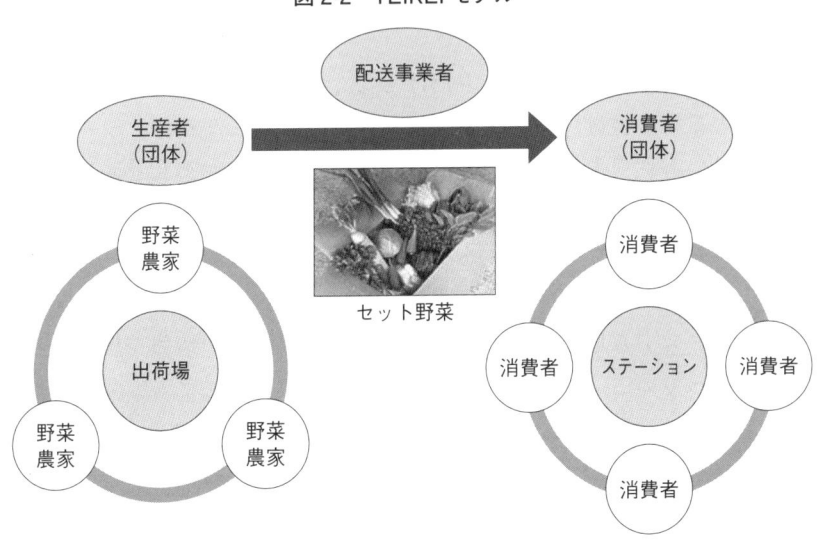

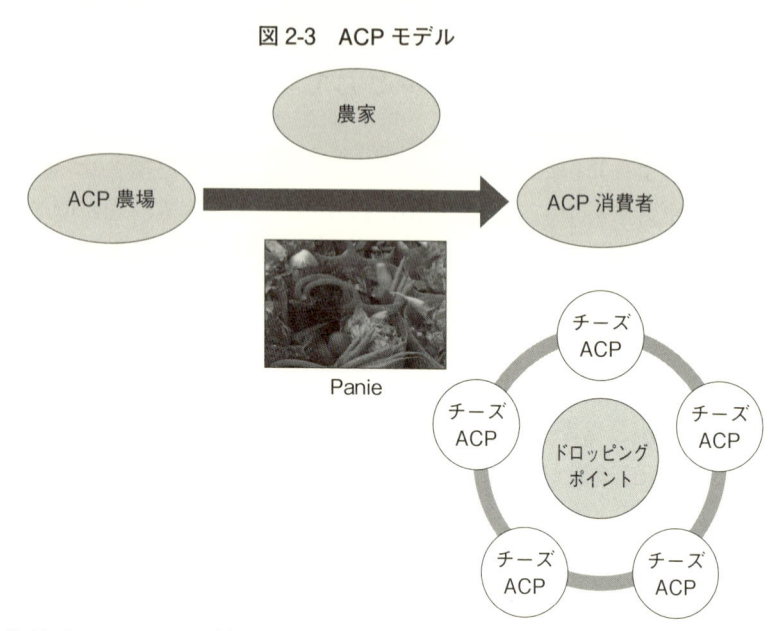

図 2-3　ACP モデル

農家

ACP 農場 → ACP 消費者

Panie

チーズ ACP

チーズ ACP

チーズ ACP

ドロッピング ポイント

チーズ ACP

チーズ ACP

物を供給するモデルが始まり、2000年にフランスで始まるAMAPの成立にも影響を与えた。2003年には、その逆輸入によってフランス語圏スイスでACP運動が始まる。

　この取り組みは、ハーベストだけでなくリスクのシェア、つまり産消双方による持続性確保の仕組みで成り立っている。契約は、シーズンごとの前払い方式であり、負担が消費者に偏ると思われがちであるが、同一内容の野菜ボックスにたいして所得に応じて異なる会費設定（スライディングスケール）を実施するなど、消費者の持続性を意識した方法を採用するモデルも存在する。戸別配送ではなく、ドロッピングポイントでのボックス引き取りが多く、そこでは消費者同士の情報交換、共有が可能となっている**（図2-3）**。一方で、契約書の交換による緊張関係が成立しており、出不足払いを伴う労働力提供義務が求められ場合もある。また、ファーマーズマーケット同様に寸法・量をそろえる必要のないバラ売りを前提とした出荷基準を採用するなど生産者の負担を避ける方法は共通である。

図 2-4　GAS モデル

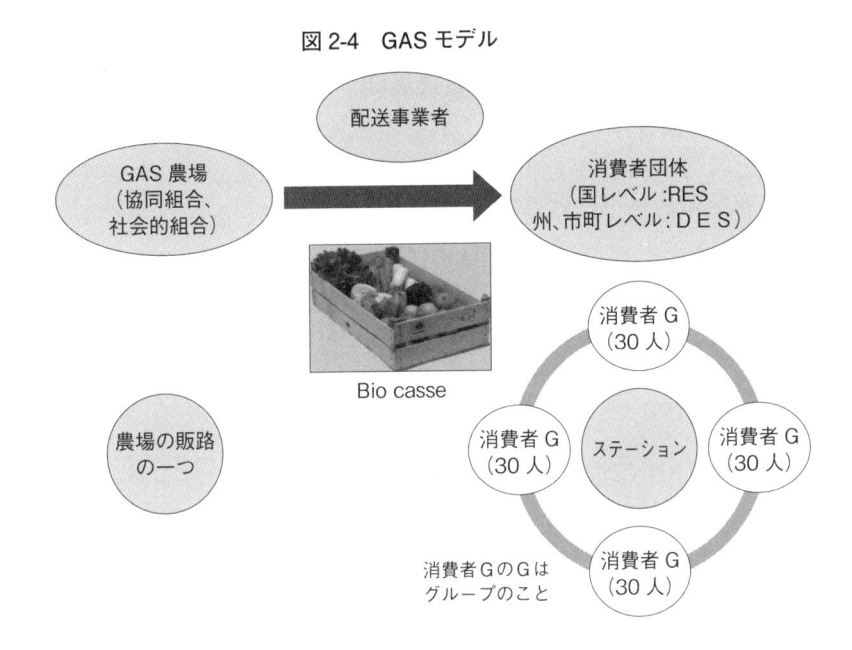

Bio casse

消費者GのGは
グループのこと

GAS

　GASの取り組みは、1994年イタリア北部エミリア＝ロマーニャ州の
フィデンツァで始まり、全土に約2000グループ70万人が参加する取り組
みとなっている。有機作物、環境負荷の少ない物品、フェアトレード産
品などの共同購入をおこなっている。地元志向が強く、消費者が生産者
と直接につながることに価値を置いているが、野菜や果物、卵、牛乳、
チーズから生活用品までを家族や友人同士、地域住民による少人数の消
費者グループがまとめて注文、購入するシステムであり、多くのCSA
のような産消協同組織、年間予約、前払いといった要素はもたず、消費
者の互助組合的な色合いが強い。

　エミリア＝ロマーニャ州におけるGASの一つであるレッジョエミリア
では、基礎単位である消費者グループの人数には30人以内という厳しい
制限があり、新たな参入希望者によってそれを超える場合は、新たなグ
ループを形成することが求められる。相互扶助のための関係を形成する

ためには、この人数が限界だという認識による。

　一方で、GASの提携先である農場は、定期的な注文契約もなく、消費者主導で必要なときに求められる量を供給することとなっている。農場にとってはあまりメリットのない関係に見えるが、とにかく生産者と消費者が直接に結びつくことには意味がある、との認識による（**図2-4**）。ただし、両者がビジネスライクのクールな関係を維持しているわけではなく、事故などによる生産者の危機には、消費者の金銭的支援が迅速におこなわれたなどの実績がある。

Nekasarea

　2007年、EHNE農民組合*によりビスカヤで取り組みが開始され、80戸の生産者が野菜農家を中心にグループを組み、消費者27グループ、600世帯と連携する活動となっている。消費者はいずれかのグループに参加し、前払い年間契約で農産物を購入する。

　　*EHNE（Euskal Herriko Nekazarien Elkartasuna）：1976年　結成、バスク地方の農家・農場主の連合。農民会員6150人と労働組合員3000人に教育的、技術的、経済的な指導、トレーニングを提供。1993年ビア・カンペシーナに参加。活動を通じて、異なる社会階層とのコミュニケーション、アグロエコロジーや食料主権を主張している。

　Nekasareaは、団体間提携というTEIKEIモデルを採用しながら、CSA（AMAP）に範をとった仕組みによってTEIKEI問題の克服をはかっている。

　例えば、複数の生産者が連携しながらも、消費者と固定的な関係を結ばず、いくつもの支援グループに農産物を提供するという方法で組織的制約を解消している。また、詰め合わせのシェアが高い野菜農家が配送を負担するというルールが形成されており、生産者間の作業分担は合理的になっている。

　異なる作目を営農する複数の農家が一つのSASKIA（セスカ：詰め

図2-5　Nekasarea モデル

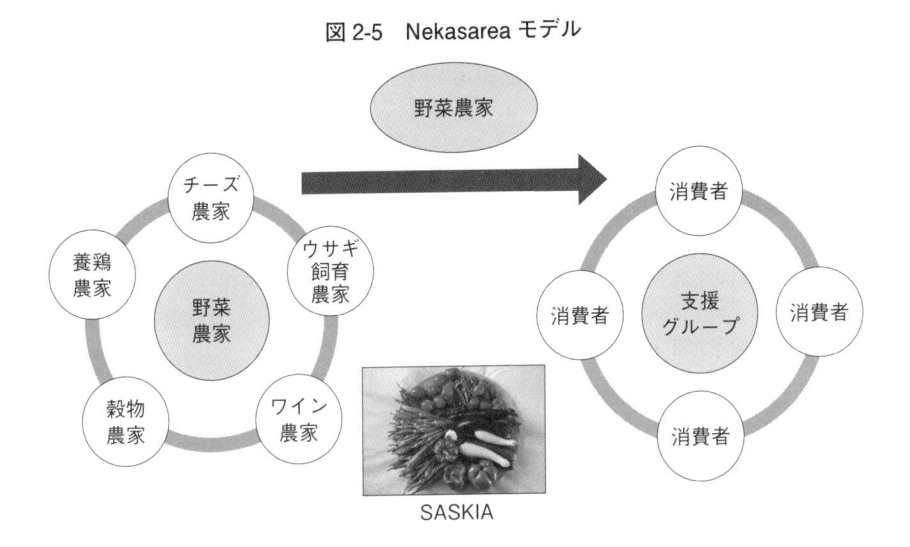

SASKIA

合わせ）を構成するため、消費者は多様な農産物を享受できる。また、異なる支援グループが同じドロッピングポイントを共有し、複数のSASKIAの購入契約を結ぶことで、消費者はさらに多様な作物を購入可能となっている。ドロッピングポイントは、産消間だけでなく、消費者間の情報交換の場となっており、Nekasarea全体の情報共有を可能としている（**図2-5**）。

CSA における TEIKEI モデルの可能性

欧州CSAには複数のACPによるドロッピングポイントの共有などの特徴が見られるが、TEIKEIと共通の要素は、消費者は品目を選ばず、生産者が任意に組み合わせた農産物の詰め合わせ（Panie、Bio casse、Saska）を消費者が引き取ることであり、相違点は、前払い契約とローカル志向の有無に集約される。

また、次段階のCSAともいうべき欧州モデルの特徴は、コーディネーターによるプロモーションの存在である。EHNEのイニシアティブによ

るNekasareaでは、複数の農場が連携し集荷・配送を野菜農家が担当するというCSAには見られない生産者のネットワーク化をTEIKEIモデルと呼称している。このモデルは、今日のTEIKEIが陥っている停滞要因の一つである組織的制約を緩和したものであり、生産者個人の主体性を活かした団体間提携の可能性を示すものといえよう。

（本稿は、筆者による「CSAの現状と産消提携の停滞要因―スイスCSA＝ACP：産消近接農業の到達点と産消提携原則」2013年、有機農業研究第5巻を加筆修正した）

〔注〕
⑴ Katharina Kraiß（2008）によると、農業共同体（Landwirtschafts geme-inschaftshof:LWG）は、2008年現在7農場が存続しているが、テンプルウィルトンファームの源流となったブッシュベルク以外は近年の発足であり、7農場間にネットワーク関係は見られず、CSAの成立に関与するコーディネート組織も見られなかった。ドイツにはシュタイナー思想を背景として活動するキャンプヒルなど、それぞれ独自に運営されている組織形態が多く存在することも一因と考えられる。現在（2016年）は約100のCSAが活動し、ネットワーク組織も成立している。
⑵ En（1995）、p.29参照。
⑶ スイスに限らず、こうした活動をコーディネートする組織の存在が欧米のCSAの特徴として指摘できる。
⑷ あうるず（2016）p.150参照。
⑸ 海老沢他（2005）参照。
⑹ フェアトレードを唱えるカナダASCは農場雇用労働者の労賃の適正化を強調している。TEIKEIには、こうした公正性の確保と消費者の持続性を保証するという視点は見られない。提携の現状を考えるとき、今後、生産者を支える理念の一方で置き去りにされてきた消費者を支える視点が求められる。

〔参考文献・資料〕
あうるず（2016）『ソーシャルファーム』創森社
海老沢とも子他（2005）『イチ子の遺言』ユック舎
En, R.V.（1995）Eating for Your Community;A report from the founder of

community supported agriculture, One of the articles in A Good Harvest
(IC#42)

波夛野豪（2007）「CSAによる生産者と消費者の連携－スイスと日本の産消連携活動の比較から－」『農業および園芸』83（1）、pp.190 ～ 196

波夛野豪（2004）「あらためて産消提携を考える」『有機農業研究年報』VOL.4、pp.53 ～ 70

Henderson.E.En.R.V, and Gussow.J.D., （2007）Sharing the Harvest, A Guide to Community-Supported Agriculture, Chelsea Green Pub Co.

Kraiß, K, （2008）Community Supported Agriculture（CSA）in Deutschland, Universität Kassel Fachbereich Ökologische Agrarwissenschaften Bachelorarbeit

Part1 & Part2, Rodale Institute. (http://newfarm.rodaleinstitute.org/)

USDA（2007）, National Agricultural Statistics Service, 2007 Census Of Agriculture – State Data 606.

URGENCI & European CSA Research group（2016）, Overview of Community Supported Agriculture（https://urgenci.net/wp-content/uploads/2016/05/Overview-of-Community-Supported-Agriculture-in-Europe-F.pdf）

食の生産基盤を支える
アメリカの CSA

河北新報記者　門田一徳

　農業の大規模化、産業化への対抗手段としてアメリカで誕生したCSAが進化を続けている。生産者と消費者が直接つながる取引手法は肉類、魚介類、加工食品に広がり、各地で食の生産基盤と地域経済を支える。日米教育委員会の2016年度フルブライトジャーナリストとして調査、取材したアメリカのCSAについて報告する。

アメリカの CSA の始まり・広がり

　アメリカのCSAの始まりは1986年、マサチューセッツ州のインディアン・ライン農場とニューハンプシャー州のテンプルウィルトン・コミュニティ農場といわれる。生産者、オーガニック（有機）認証、消費者などの団体が草の根でCSAの意義や経営手法を広めていった。2009年、オバマ政権が始めた地産地消キャンペーン「生産者を知ろう、食べ物を知ろう」の効果もあり、CSAの認知度と実践者が各地に広がった。
　アメリカ農務省が2016年に発表した直接販売に関する調査結果によると、CSAの実践農場は7398戸で年間売上額は2億2600万ドル（約249億円）に上る。CSAの経営手法は、畜産、水産、乳製品やパン、ワインなどの加工品、メープルシロップや生花の生産者にも活用が広がる。運

営形態も1農場だけではなく、複数生産者による共同運営や協同組合など多様化が進む。また、健康をキーワードにCSAを会社の福利厚生に活用する企業、CSA加入者への割引料金を設ける保険会社や医療機関なども出てきており、他業種との連携が進む。

持続的な地域社会に導く装置

　みずみずしい野菜の箱が商店街に並び、にぎやかな歓声が戻ってきた。2017年6月8日夕、ニューヨーク州イサカ。地元の小規模な7生産者でつくる「フルプレート農場集団」が、CSAによる今季の野菜の配布を始めた。箱の中身はその日の朝収穫したレタス、ケール、サラダ野菜など10種。訪れたCSAの会員たちが、おしゃべりを楽しみながら次々と野菜を袋に詰めていく。

　「食べる人の喜ぶ顔を見ることができ、私たちも張り合いがある」。フルプレート農場集団CSAのマネジャー、サラ・ウォーデンさんが忙しそうに空になった箱を交換する。

　フルプレート農場集団では6月から11月までの23週間、8種以上のオーガニック野菜を会員に毎週提供する。家族で食べきれるだけ取り放題の「フリーチョイス」というシステムが人気を呼び、会員数はイサカ地域のCSAで2番目の約500人に上る。

　年会費555ドル（6万1050円）。1週間当たりにならすと約24ドル（約2650円）になる。地域のスーパーに並ぶオーガニック野菜より2割ほど安い価格設定で、取り放題を生かして、食べきれるだけの野菜を持ち帰れば、さらに会員は得することになる。

　アメリカ農務省が2016年12月発表した農産物の直接販売の調査結果によると、CSAを運営する農場は7398戸で、年間売上額は計約2億2600万ドル（約249億円）に達した。[注1]

　現状では直接販売全体の30億2700万ドル（約3330億円）の1割に満たない金額であるが、インターネット販売を5000万ドル（約55億円）ほど

上回った。アメリカ農務省はCSAを今後の成長分野と注視する。

　CSAが普及した背景について、ニューヨーク州イサカにあるコーネル大学の「小規模農場プログラム」管理者、アニュ・ランガラジャンさんは近年の地産地消ブームがあると指摘する。「地域食材は2000年ごろマンハッタンで見向きもされなかった。今はレストランがメニューでこぞってPRしている」と、消費動向の変化を説明する。

消費者のメリット

　地域経済に貢献できることも、消費者がCSAを選ぶ理由の一つである。コーネル大の関連組織「イクステンション」によると、人口約10万のイサカ地域は全世帯の12%がCSAに加入する。アメリカ屈指のCSA普及エリアで、夏から秋にかけてイサカ地域のスーパーは売り上げが落ち込むという。

　フルプレート農場集団の会員歴が3年になる大学院生セス・ソウルステインさんは、CSAを支持する理由を「スーパーでも地元食材を買うが、お金の行き先がより明確。取り放題も経済的に助かる」と話す。

　地域マネーの大手資本への流出を抑え、地元で循環させるCSAは、消費者と生産者の直接的な取引利益だけでなく、持続的な地域社会に導く経済装置として機能している。

　CSAのメリットは消費者がスーパーよりも割安でオーガニック野菜を手に入れられる点である。フルプレート農場集団の箱詰め野菜の1週間当たりの価格は約25ドル（2800円）。スーパーで買うよりも2割ほど安くなるよう、野菜を厳選して会員に提供する。

　2017年6月のある週の箱詰め野菜の中身は、レタス、イチゴ、ルッコラ、ニンジン、ハツカダイコン、ケール、カブの一種、スイスチャード、ビーツ、小ネギの10種だった。これらの野菜すべてをイサカ地域のスーパーでそろえようとすると、37ドル（4070円）必要になった。つまりCSAの会員はこの週、計算上スーパーよりも12ドル（1320円）お得

だった。仮にこれが夏から秋まで1シーズン（23週間）続けば、会員は276ドル（3万360円）も得ることになる。

日本ではCSAの特徴として、生産者と会員の「リスクの共有」がクローズアップされる。干ばつや大雨の影響で不作になり会員に配る野菜が少なくなっても、会員も生産者とともに負担を共有する。事前に払った会費の払い戻しはしない、という考えである。

しかし今のアメリカでは、リスクの共有はCSAの主要なPRポイントではなかった。むしろ、野菜を割安に購入できるお得感、環境に負荷をかけないエコな栽培方法、健康によいオーガニック野菜という点を強調していた。

コーネル大のイクステンションに研究員として約40年勤めるモニカ・ロスさんは、「リスクの共有は3番手か4番手の特徴。最初に消費者に説明する項目ではない」と説明する。たしかに、最初に損をするかもしれないリスクについて説明されても身構えてしまう。

ロスさんはこう続ける。「CSAは野菜を割安で得られるシーズンがほとんどで、会員にリスクが及ぶケースは非常に少ない。でも、たった一度の不作に目くじらを立てる会員がいることも事実だ」。つまりアメリカでは、リスクの共有がCSAの絶対条件ではなく、会員の多様性を認めていることを示している。

ロスさんが勤務するイクステンションは、住民の暮らしを支援する地域密着型の大学関連組織。アメリカ各州にあり、ニューヨーク州はコーネル大の関連組織になる。イクステンションの重要な役割の一つは生産者への農業技術や農業経営の指導である。日本では農業改良普及センターがもっとも近い存在になる。

CSAの世帯普及率12％、8世帯中1世帯が利用するイサカ地域は、アメリカ屈指のCSA普及エリアといえる。CSA専用の会計ソフトウエア会社を経営するサイモン・ハントリーさんによると、アメリカのCSAの世帯普及率は0.4％という。いかにイサカが特異な地域かわかる。CSA普及の背景にあるのは、地域にコーネル大とイサカ大があり、環

境や健康、地域コミュニティなどへの意識の高い高学歴の人たちが多く住んでいること。また、このような高学歴の人たちは、概して所得が高いのでオーガニック食材を購入できる経済的な余裕があることも理由に挙げられる。

　住民のCSAの理解度が高いことは、新たにCSAに挑戦する生産者も呼び込む。CSAについてわざわざ最初から消費者に説明して、理解してもらうための時間と労力を費やす必要がない。生産者にイサカで農場を始めた理由を尋ねると「消費者がCSAを理解している」という回答が多い。イサカ地域は現在、アメリカ有数のCSA激戦区でもある。

小規模生産者の経営を支える

　決め手は多品種栽培の負担の軽減だった。ニューヨーク州イサカ地域で「スティック・アンド・ストーン農場」を経営する張逸樵（チャン・イーチャオ）さんは2005年、熟考の末に友人の誘いに乗る決断をした。「一緒にCSAをやろう」。複数の小規模生産者が共同で野菜を会員に直接販売するため、張さんら３生産者はその年、「フルプレート農場集団」を設立した。

　CSAはそれぞれ一つの農場で取り組むのが一般的。毎週10種類近くの野菜を会員に提供しなければならない。「多品種栽培に抵抗があったけど役割を分担すれば負担は軽くなる」。共同運営は張さんのCSAにたいするハードルを下げた。

　フルプレート農場集団には2017年、７生産者が参画した。消費者であるCSA会員は約500人。張さんはトマトやカボチャ、ズッキーニなど、他の生産者たちはサラダ用の野菜、ニンニクなど得意とする作物を分担して育てている。会費制のCSAは張さんの農場に安定した収入をもたらした。会員に配る量よりも多く収穫できた余剰分の野菜は、卸売りやファーマーズ・マーケットで販売する分に加えることで無駄なく売り上げを伸ばせた。

新鮮な野菜を袋に詰めるフルプレート農場集団のCSA会員

　共同運営によって、天候不順などのリスクも軽減された。2016年夏、イサカ地域は深刻な干ばつに見舞われた。フルプレート農場集団の農作物被害は深刻であったが、影響の少なかった張さんの農場の野菜を多くCSAに回すことで他の農場の被害を相殺して、会員にじゅうぶんな野菜を提供することができた。

　アメリカ農務省の2012年農業センサスによると、アメリカには約210万戸の農場があり、その9割が年間収入35万ドル（3850万円）以下で小規模生産者に区分される。農地面積で見ても1000エーカー（約405ha）を超える大農場は、わずか8％にすぎない。^{（注2）}

「カリフォルニアで2000エーカー（約810ha）もの農地でレタスだけ栽培している生産者と、作業効率を競おうなんて小規模生産者は誰もいない」

　CSA専用の会計ソフトウエア会社を経営するサイモン・ハントリーさんは、CSAを使った直接販売が小規模生産者に選ばれる理由を解説

する。CSAの強みは消費者との距離の近さである。新鮮かつ食べごろの野菜を提供でき、消費者ニーズへの素早い対応もできる。

　張さんの農場の面積は約100エーカー（約40ha）。アメリカの農場平均面積の4分の1にも満たない。半分以上は地力回復のためにクローバーなどを植えており、実際に野菜を育てているのは50エーカー（約20ha）程度になる。6月中旬の早朝、農場では張さんの妻ルーシーさんたちがCSA会員向けの野菜の収穫に汗を流していた。

「会員の人たちはスーパーでも流通業者でもなく、私たちを支えてくれる。その期待に応える作物を届けるのが私たちの責任だと思う」。この日の夕方、CSAの受け渡し会場にはルーシーさんたちが朝に収穫したちょうど食べごろのみずみずしい野菜が並んだ。

二つの野菜受け取り方法

　CSA会員への野菜の受け渡し方法は大きく二つに分かれる。一つは会員が農場などに取りに行く「マーケットスタイル」、もう一つは箱や袋に詰めた野菜を自宅や受け取りに便利な場所に届けてもらう「ボックススタイル」である。

　最近、アメリカで注目を集めているのはマーケットスタイルである。農場の作業小屋など広めの場所に、スーパーの棚のように野菜を並べ、会員自身が買い物感覚で棚から野菜を選ぶ。

　フルプレート農場集団はマーケットスタイルの受け渡し場所に、イサカ中心部の商店街の歩道を利用している。一般的なCSAは農場の作業小屋やファーマーズマーケット、教会、公園などを受け渡し場所に利用する。受け取りに来た会員は、まず受付名簿に署名する。次に掲示板を見て、今週の提供野菜の名前と数量を確認する。その後、掲示板に従って野菜をマイバッグに入れていく。フルプレート農場集団はマーケットスタイルの発展型の取り放題方式である。収量の少ない野菜は、掲示板に個数や束数のただし書きがつき、それ以外は家族4人で1週間食べき

れる量を好きなだけ持ち帰れる。

　マーケットスタイルが注目されるのは、生産者、消費者ともにメリットが大きいからである。生産者は、煩わしい野菜の箱詰めや袋詰め作業をする必要がない。消費者も自分の好みの形、大きさの野菜を選べる。量が多いときに減らしたり、苦手な野菜を受け取らなかったりもできる。

　会員がCSAをやめる理由の一つは野菜を持て余して腐らせてしまうことである。食べきれない、苦手な野菜があるなど理由はさまざまであるが、生産者が手塩にかけて育ててくれた野菜を駄目にすることに良心を痛め、会員をやめるのだという。

　マーケットスタイルは、苦手な野菜や食べきれない量の野菜を持ち帰らない選択ができるので、この問題が解消される。

　また、マーケットスタイルは会員が定期的に受け渡し場所に足を運ぶので、生産者や農場スタッフと直接コミュニケーションをとる機会が増える。会員にとって、単に野菜を受け取るだけの機会ではなく、人と交わるコミュニティとしての価値も併せもつようになる。

　野菜の受け渡し方法は、CSAの生産者が注目する指標「維持率」にもかかわりがある。維持率とは、次のシーズンもCSA会員になった人の割合を示す数値。前出のハントリーさんの顧客で、95%を筆頭に維持率の高い3農場はすべてマーケットスタイルの受け渡しであった。

　アメリカのCSAの平均維持率はおよそ5割。毎年、半分の新規会員を集めないと会員数を維持できない状況という。「新しい会員を獲得することは、既存の会員に契約を更新してもらうよりもはるかに多くの時間と労力がかかる」とハントリーさん。高維持率は持続的なCSA運営の鍵で、マーケットスタイルは効果的な手段であると助言する。

　もう一つの受け渡し方法は箱詰め、袋詰めのボックススタイルである。主に都市部の人や仕事などで忙しい人向けで、自宅配送のほか、飲食店や雑貨店などにまとまった数を配送する日本の「生協方式」が一般的である。

水産業にも CSA の手法

タラが海から消えた。2008年、ニューハンプシャー州ポーツマス沖。主な原因として挙がったのは温暖化と乱獲であった。

アメリカ政府が漁獲規制を敷いて保護に乗り出す。将来に不安を抱いた男たちは次々と船を下りた。100人以上いた沿岸漁業者はたちまち9人に減った。

ポーツマスは水産業と海軍造船の街として栄えてきた。「伝統を絶やしたくない」。地元住民が漁業者に呼びかけ、2013年に協同組合「ニューハンプシャー地域水産」を設立した。

CSF の取り込み

組合の事業は、生産者が消費者に食材を直接販売するCSAの手法を応用したCSF（コミュニティ支援型漁業）。魚を市場より高く買い取り、加工、配送を手がけ、持続的な地元漁業の実現をめざした。

CSFの取り組みは地元メディアでたびたび取り上げられた[注3]。組合に賛同する住民は着実に増え、会員数は2017年6月に650人を超えた。2014年に会員になったジョアン・ハモンドさんは「おいしくて新鮮だし、とにかく地元の漁業を支えたかった」と加入理由を語る。

ニューハンプシャー地域水産は5～11月の毎週、魚介類を会員に提供している。カレイやアンコウ、スケトウダラなど沿岸でとれる十数種で、漁業者が当番制で漁を担当する。魚種は季節や海の状況で変わるが、事前に魚の特徴やレシピを会員に電子メールで情報提供している。これは会員が献立を考えやすくするための心配り。2016年は計約24t分の切り身魚を会員に提供した。

組合は今、地元の魚市場の取引値に1ポンド（約450g）当たり0.5ドル（55円）上乗せして漁業者から魚を買い取る。組合の上乗せ額は2017年6月まで0.25ドル（約28円）であった。会員数と売り上げが順調に伸

会員に配る魚を確認するニューハンプシャー地域水産のトムリンソンさん（左）

びたことを受けて7月、時期を半年前倒しして買い取り額を倍に引き上げた。その理由について、組合委員長のデーモン・フランプトンさんは「0.25ドルは漁業者を支えるにはじゅうぶんな金額ではなかった。彼らが持続できなければCSFとはいえない」と力を込める。

アメリカでCSFが始まったのは2007年ごろといわれる。アメリカの海産物消費量は一人当たり年間7kg弱。日本の3分の1に満たない量だが、消費者との距離の近さを生かしたCSFの直接販売の手法は、沿岸を中心に広がっている。

CSFの検索サイト「ローカル・キャッチ・ドット・オルグ」には2017年7月時点で、アメリカ、カナダの約80漁業者・組合が登録する。サケ、アサリ、カキに特化した漁業者もおり、アメリカ国内のCSF運営事業者は100以上ともいわれる。ニューハンプシャー地域水産ゼネラルマネジャーのアンドレア・トムリンソンさんは「日本には魚の食文化が根付いている。日本の地域漁業者が厳しい状況にあるのなら、CSFが成長する環境はすでに整っている」と指摘する。

CSAやCSFには、食材の受け渡しなどを手伝う「ワークシェア会員」という仕組みがある。週に数時間作業を手伝い、謝礼としてCSAやCSFの食材を受け取る。運営側は、受け渡しや収穫など一時的に人手がいる場合にアルバイトを雇う必要がなく、人件費を節減できる。ワークシェア会員も、会費を負担せずに食材を受け取れるメリットがある。

ニューハンプシャー地域水産は4人のワークシェア会員がおり、毎

週、受け渡し会場で会員に魚介類を手渡す。組合の職員は、ゼネラルマネジャーのトムリンソンさんとドライバーの二人だけで、ワークシェア会員はCSFの貴重な戦力になる。ポーツマス漁港前の受け渡し場所担当は、ワークシェア歴4年のバラード・マッティングリーさん。毎週金曜の午後3時から午後6時まで、約50人の会員が魚介類を受け取りに来るのを待つ。報酬は受け取りに来なかった会員の魚介類で、毎回2、3個持ち帰ることができるという。

配送と受け渡しを CSA 農場に委託

フルプレート農場集団には、8人のワークシェア会員がいる。5人は農作業を、3人は受け渡し会場の運営を手伝う。

作業は週1回、時間はどちらも4時間で謝礼は取り放題のCSA 1回分である。農作業では、ミニトマトやハーブ、生花など比較的手入れが簡単なものを担当する。受け渡しの手伝いでは、会場の準備、野菜の補充、会員の問い合わせ対応、後片付けを担当する。

フルプレート農場集団のCSAマネジャー、ウォーデンさんによると、ワークシェア会員の問い合わせは毎年、十数件あるという。カヤ・キーズさんは2014年にワークシェア会員になった。「顔なじみになった会員たちとおしゃべりするのがいちばんの楽しみ。会費なしで野菜を受け取れるのも助かる」と魅力を語る。

ニューハンプシャー地域水産では、魚介類の配送と受け渡しをCSA農場に委託して、作業の効率化もはかっている。会員への受け渡し場所はニューハンプシャー州を中心に23か所ある。そのうち約10か所で受け渡しを農場に委託する。謝礼はCSFの魚介類1個で金銭は絡まない。

配送は、州内各地への野菜の輸送網があるCSA農場のドライバーに委託する。野菜配送のついでに、魚介類の入ったクーラーボックスをCSFの受け渡し場所まで運んでもらう。この場合は、荷物の重さに応じてドライバーに輸送料を支払っている。

工房を訪れた客にパンの説明をするセンダースさん（右）

食産業に広がる CSA

　毎週金曜の夕方、商業ビルの一角が焼きたてパンの香ばしい匂いに包まれる。帰宅途中の会社員や子連れの母親が、顔をほころばせて列をつくる。ニューヨーク州イサカ地域にあるパン工房「ワイド・アウェイク・ベーカリー」の会員への受け渡し会場で、パンは2時間ほどでなくなった。店主のステファン・センダースさんは、生産者が消費者に食材を直接販売するCSAの手法を応用して、2011年にパン工房を始めた。定期的にパンを購入する会員は約400人。重さは1個1.5ポンド（約680g）で、価格はスーパーに並ぶオーガニック小麦を使ったパンとほぼ同じであった。

「きわめて慎重な性格」と言うセンダースさん。CSAの手法は会員に渡すパンの数が事前にわかるし、雨の日や冬の寒い日に客足が鈍り、売り上げが落ちる心配もない。受け渡し場所を確保できれば、店を構える

必要もない。

「起業リスクを減らそうと考え、たどり着いたのがCSAだった」

　話題性もあった。大規模化と効率化の典型ともいわれるアメリカの小麦栽培と製粉業。市場経済にのみ込まれ、どちらも地域とのかかわりを失っていた。そのため原料、製粉とも地元でまかなうパンはとても珍しい存在であった。

　パンのCSAの取り組みを仕掛けたのは、イサカ地域でオーガニック小麦を生産するソー・オスナーさん。

　アメリカの農業者団体「全国農民組合」の調査によると、小麦粉1ポンド（約450g）当たりの生産者の手取り額は0.07ドル（約8円）を下回る。努力しても、さらなる作業の効率化とコスト削減を求められる生産現場。「持続可能な小麦栽培を取り戻したい」。オスナーさんは2004年、本格的にオーガニック小麦の栽培を始めた。

　ニューヨーク州にはかつて、町村ごとに数軒の製粉所があったという。今は州内にたった2軒しかない。「地元産小麦を地元の人たちに」。オスナーさんは2009年に知人と製粉所を設立した。

　パン製造はセンダースさんに白羽の矢が立った。文化人類学の研究者で、自殺の原因に関する調査をしていた。

「私たちにとってパンは日本人にとっての米と同じ。食の根源につながる」と強調。そのうえで「おいしいパンを食べれば幸せな気持ちになる。創造性や思いやりが生まれ、自殺なんていう悲観的な気持ちにならなくなる」と転職理由を説明する。

　ワイド・アウェイク・ベーカリーでは、多い週に1400個のパンを焼き、年間約14tの地元産小麦を使う。オスナーさんの取り組みに加わった小麦生産者は8人に増え、2015年は約330tの小麦を生産した。

「地元の小麦を扱う製粉所、パン工房が各地に増えれば地域の食と経済はもっと豊かになるはずだ」

　オスナーさんはこの取り組みをアメリカ各地に広げようと、仕事の傍ら各地からの視察を積極的に受け入れている。

　CSAの手法は肉類やメープルシロップの生産者にも広がっている。冬季にハウスで栽培した野菜などを提供する「ウインターCSA」を運営する農場もある。

　イサカにある「ジャスト・ア・ヒュー・エーカーズ農場」では、採卵用と食肉用のニワトリ、七面鳥、豚、牛を育て、ミートCSAを運営する。家畜にストレスを与えない放し飼いで、餌は牧草が中心である。この肥育方法によって、脂身が少なくヘルシーで歯応えのある肉に仕上がるという。

　農場主のピーター・ラーソンさんは、1804年から続く農場の7代目。ラーソンさんのミートCSAは、生協のカタログ方式に似ている。

　手順は、毎週月曜、食材のリストを電子メールで会員に一斉送信する。会員はその中から欲しい食材を選んでラーソンさんに返信する。食材の受け渡し場所は、土曜と日曜に開くイサカファーマーズマーケットなど。会員は注文した食材を受け取り、会計する。CSA会員は店頭価格よりも1割安く購入できる。

　ラーソンさんはカタログ方式のCSAを2016年に始めた。欲しい種類と量の食材が手に入るので、会員にとても好評という。以前のミートCSAは、毎月、決まった量の鶏肉と卵を会員に渡す方式であった。1回当たりの価格が高く、会員はほとんど増えなかった。ところがこのカタログ方式のCSAを始めると口コミで評判が広がり、1年経たずに会員数が開始直後の4倍の60人に拡大した。

　メープルシロップのようなニッチな嗜好品にCSAの手法を導入したのは、イサカに住むジョシュア・ドーランさん。親類にイサカ郊外のサトウカエデ林約8haを借り、2008年からメープルシロップを生産する。

　地域の貴重な食材、メープルシロップの生産者は近年減少していた。ドーランさんは次世代に食文化を引き継ごうと生産を始めた。本業は学校などのコミュニティ農園の指導員。農外収入のほうが大きいので日本でいう第2種兼業農家に当たる。サトウカエデの樹液の収穫は、ちょう

ど本業が忙しくない1月から3月で、「バランスよく仕事に従事できる」という。

　生産量は毎年100ガロン（約380ℓ）ほどで、ドーランさんは小規模生産者に当たる。CSA会員への受け渡しは年1回。価格は1ガロン（約3.8ℓ）が80ドル（8800円）、2分の1サイズ（約1.9ℓ）が40ドル（4400円）。

　ウインターCSAは、イサカ地域で2007年ごろに広まったという。「冬にも新鮮で信頼できる生産者の野菜を食べたい」。消費者の要望に生産者が応える形で始まった。

　イサカのあるアメリカ北東部は、野菜のCSAが初夏の6月に始まり晩秋の11月に終わる。ウインターCSAは生産者の冬場の収入確保につながる。夏秋のCSAまでの空白期間がなくなるので、CSA会員の維持対策にもなるという。

　フルプレート農場集団のウインターCSAは、12月から2月まで約3か月。受け渡し回数は12回でクリスマスから年始に2週間の休みが入る。2016年12月からのウインターCSAの会員数は約280人。夏秋のCSA会員の半数以上が加入していることになる。

　夏秋のCSAと大きく違うのは、野菜を箱詰めして配布する点である。冬季は、取り放題で提供できるほど野菜の量を確保できないので、あらかじめ野菜を箱詰めして会員が持ち帰りやすいようにした。

　毎回8種から10種の野菜が入る。中身はハウスで栽培するホウレンソウやレタスなど葉ものや、秋に収穫したニンジンやカブ、ジャガイモなどの根菜類。期間中に提供する野菜の種類は20種以上になる。

　会費は315ドル（3万4650円）で、1回当たりの値段は約26ドル（約2890円）と夏秋の箱詰めCSAとほぼ同額になる。

都市に浸透、職場CSA

　ビジネス最先端の街ニューヨークで、CSAが企業と産地をつないだ。

マンハッタンのオフィス街への野菜の配送準備をするゼイツさん（右）ら

「職場CSA」。生産者が消費者に直接販売する手法を応用し、オフィスビルに新鮮で安全なオーガニック野菜を定期配送する。

ソニー・ミュージックエンタテインメント、ブルックリン美術館、大手ネットワーク会社……。近年、多忙な職員の健康を支える福利厚生制度として、アメリカ都市部の企業・団体で導入が進んでいる。

肥満が社会問題化するアメリカ。野菜食を職員の健康維持に生かそうと、CSAの会費積み立てや支払い補助を打ち出す企業もある。地域の小規模農場を支援することが、企業として地域に役立つ社会的責任（CSR）を果たすことになり、企業のイメージアップにもなる。

ニューヨーク市でパーティなどに料理を提供するケータリング会社「グレートパフォーマンシズ」は、生産者として自社農場を運営する。2010年に職場CSAを始めたパイオニア的存在でもある。マンハッタンの北約200kmにある直営の「キャッチキー農場」から週2回、オフィス街にオーガニック野菜を届ける。2017年6月現在、35企業・団体と契約し、会員数は830人に上る。

都市部での食材の受け渡し場所は住宅地の集会所や教会が主流で、オフィス街で働くニューヨーカーには不便であった。農場側も中心街の受け渡しの場所探しに苦労していた。

「もっとも便利で現実的な場所を突き詰めた結果がオフィスだった」とグレートパフォーマンシズの職場CSA担当、ステファニー・ゼイツさん。一度に数十人規模の会員を獲得できるのも職場CSAの魅力である。

会員への野菜の受け渡しは、都会の生活スタイルに合わせて工夫を凝らす。野菜は持ち帰りに便利な手提げ袋に入れてオフィスに配送。少人数世帯が多いニーズに合わせ、ミニサイズと隔週コースを用意する。

　職場の域を越え、地域とつながるCSAの受け渡し場所もある。ブロードウェー地区のシグニチャー劇場は2012年、職場CSAを導入。開かれた劇場にしようと、施設内の受け渡し場所を地域住民にも開放した。

　劇場の事業責任者ライ・イーチェンさんは「忙しいときでも階段を下りれば新鮮でおいしい野菜が受け取れる」と職場CSAの魅力を強調。地域住民も、受け渡し場所の利便性を共有していると説明する。

　職場CSAの課題は会員数の維持である。一般的なCSAと違って、受け渡し場所の企業・団体の職員が生産者に代わって野菜を配るため、農場と消費者の関係性が薄くなりがちになる。「２年目に会員が３分の１に減ったオフィスもあった」とゼイツさんは説明する。その対策として、キャッチキー農場で収穫体験会などを開き、会員との関係づくりに努めている。

　CSAとの連携をビジネスチャンスと捉える業界もある。一部のスポーツジム、医療機関、健康保険会社は野菜中心の食習慣とのかかわりが深いと着目。野菜の受け渡し場所を施設内に設けたり、料金を割引いたりして農場と「ウィンウィン（相互利益）」の事業展開を進めている。

　職場CSAは、社内調整を担当する企業側の職員の存在が欠かせない。会社の認可や福利厚生部署への補助制度の掛け合い、農場トラックの荷下ろし場の利用許可も得なければいけない。もちろん、農場との連絡の窓口役にもなる。

　グレートパフォーマンシズのCSA担当、ゼイツさんは「企業側の調整役との関係維持が職場CSAのもっとも大切なポイント」であると力説する。過去に調整役が退職した後、その役割を引き継ぐ人が見つからず、職場CSAを継続できなかったケースがあったという。

　調整担当者も企業の職員の一人。負担が多くならないよう社内で協力者を募り、役割分担することが重要である。また、会員からの問い合わ

せや苦情は基本的に農場が対応する。

　キャッチキー農場は輸送コストを考え、職場CSAを配送する会員数の最低ラインを20人と定めている。

　ニューヨーク市にCSAを普及させたNPO法人「ジャストフード」。そこのCSAマネジャーのエミリー・ミヤウチさんによると、ニューヨーク市でCSAを始めるときに苦労するのは、野菜の受け渡し場所と農場の配送コストに見合う会員数の確保という。[注5]

　その点、職場CSAは企業側がこれらの課題をクリアしたうえでスタートするので、「農場が単独でCSAを始めるよりもはるかにハードルは低い」と解説する。ただ、CSAは小規模農場を継続的に支援するCSR活動でもあることを、社員に説明することが息の長い関係をつくるために必要という。

　職場CSAは大学など教育機関にも普及する。ニューヨーク州イサカにあるコーネル大は2015年、職員と学生の健康維持のための福利厚生として職場CSAを導入した。地元生産者や地域経済に貢献できることも、大学が実施を決めた理由であった。

　コーネル大と提携する生産者は、ボックススタイルのCSAを提供する3農場と肉類を提供する1農場。2017年夏の職場CSAの利用者数は、4農場で計約120人であった。キャンパスが300haと広いため、受け渡し場所は学内に3か所ある。いずれもじゅうぶんな駐車スペースがあり、会員がマイカーで箱詰め野菜を取りに行ける。
「アーリーモーニング農場」では、大学の新学期が始まる8月末から12週間の大学関係者向けCSAプランを提供する。2016年は、コーネル大やイサカの北にある都市シラキュースの大学などから100人ほど会員を集めた。

支援組織の功績

「支援組織の努力がなければ今日のCSAの成長はなかった」。生産者が

食材を消費者に直接販売するCSAはアメリカで1986年に始まった。30年近く普及に携わってきた著述家で農場主のエリザベス・ヘンダーソンさんが、感慨深げに振り返る。

　生産者と消費者の教育、オーガニック栽培認証、農場検索サイトの開設など、さまざまな組織、団体の草の根的な取り組みが、CSAを年間売り上げ約2億2600万ドル（約249億円）の流通形態に導いたとヘンダーソンさんは評価する。

　政府も動きだす。「生産者を知ろう、食べ物を知ろう」。オバマ政権だった2009年、CSAなど地域食材の直接販売を後押しする地産地消キャンペーンを始めた。^(注6)

　1995年に活動を始めたNPO「ジャストフード」は、ニューヨーク市にCSAを広めた立役者である。

　出発点は食にかかわる二つの社会問題であった。販路が見つからず経営に行き詰まる地方の小規模農場と、新鮮、安全な食材との接点の乏しい都市住民。「CSAが両者をつなげられないだろうか」。ジャストフードの挑戦は、ここから始まった。^(注7)

　当時、ニューヨーク市に進出したCSA農場はわずか1軒であった。CSAは市民にほとんど知られていなかった。NPO職員は都市部の地域コミュニティや近郊の農場に足しげく通い、CSAのメリットを一から説いた。20年に及ぶジャストフードの草の根の歩みが、ニューヨーク市に約130か所のCSAの受け渡し拠点を築き、年間約5万1000人の台所を支える組織へと成長させた。都市と地方をつなぐジャストフードの取り組みは、アメリカ各地にも波及した。

　ジャストフードの運営資金は企業や団体、個人からの寄付金である。職員は3人。イベントやワークショップの運営は、ボランティアがサポートする。

　ジャストフードのCSAマネージャーのエミリー・ミヤウチさんは日系3世で、東日本大震災からの復興に強い関心を寄せる。被災地でCSAを普及するには「生産者と消費者の教育に献身的に取り組む私た

ちのような支援組織が不可欠」と指摘する。ジャストフードは2013年ご
ろ、支援の軸足を低所得者層に移した。「新鮮で安全な食材は街に増え
たが、もっとも必要とする低所得の人たちに届いていなかった」。委員
長のカレン・ワシントンさんが反省を込めて語った。

2017年3月、ニューヨーク市のコロンビア大でジャストフードの年次
会議があった。テーマは「コラボレーション」。生産者や消費者、支援
組織の関係者ら約5000人が参加した。

ワシントンさんは会議冒頭のあいさつでこう訴えた。「新鮮な食材を
誰もが手に入れられる社会に変えなければならない。知識や技術を分か
ち合い、あしたから行動を始めよう」

地域的な普及から低所得者層への浸透へ。多様性を尊重するアメリカ
のCSAは、新たな段階に進もうとしている。

NPO法人「VINES（バインズ）」は、イサカの50kmほど南東にある
人口約25万人のビンガムトンで活動する。低所得者の肥満・糖尿病対策
と地元生産者の販売支援としてCSAを活用。低所得者を対象にCSA会
費を最大で半額補助する。[注8]

補助額の割合は、制度を利用する世帯の所得によって変わるスライ
ディング・スケールという仕組みで決まる。50%、25%、0%の3段階
に分かれており、例えばもっとも手厚い50%の補助を受けると週当たり
12.5ドル（1375円）でCSAの野菜を手に入れることができる。補助の財
源は主に企業や団体、市民からの寄付である。

会費補助の取り組みは2013年に始めた。約半数が会費補助を受ける。
2016年の全体の利用者数は135人で、スタート年から4倍に増えた。

CSA生産者にもさまざまなメリットがある。自分たちで会員を集め
る手間をかけずに、これまで接点の少なかった低所得の客層を開拓でき
る。VINESの事務所などに野菜を届ければ、ビンガムトン地域に9か
所ある受け渡し場所までスタッフが運んでくれる。受け渡し場所の運営
はボランティアに任せられる。2017年は5農場が参加した。

VINESの取り組みは受け渡し場所にも特徴がある。その一つは、CSAを食育に取り入れた「セオドア・ルーズベルト小学校」である。地域住民の9割が低所得者層で、2015年は27人がCSA会員になった。

　VINESの事務局長アメリア・ロドルスさんは長年、子どもの肥満対策の活動に取り組んできた。ルーズベルト小はビンガムトンの中でも肥満児童の割合が高い学校であった。ロドルスさんは校長に粘り強く働きかけ、児童の肥満対策として学校への受け渡し場所開設を実現させた。

　4児の母のアラ・ブレイシャーさんは2013年からCSAを利用する。子どもを迎えに行くときに野菜を受け取れる便利さや、割安で新鮮なオーガニック野菜が手に入るお得感にメリットを感じている。

　子どもたちの食習慣にも大きな変化があったという。「だんだん野菜料理に興味を持つようになり、好き嫌いが減った。私と夫はハツカダイコンが苦手だが、子どもたちは生のままバリバリ食べている」と、CSAの食育効果を語る。

　ビンガムトンの住宅街にある総合病院「ルーデス病院」もユニークな受け渡し場所である。CSAのスタートは2015年で、ロドルスさんが「医療従事者こそ自分の健康を気遣うべきだ」と同病院の役員を口説いた。

　2016年は看護師や研究員ら28人が会員になった。VINESでは、通院者も受け渡し場所を利用できるよう病院に働きかけている。

エリザベス・ヘンダーソンさんインタビュー

　生産者が流通業者を通さずに、食材を消費者に直接販売するCSAがアメリカで1986年に誕生し、30年余りが経過した。長年、普及活動に奔走してきた著述家で農場主のエリザベス・ヘンダーソンさんは、複数の生産者による共同運営方式のCSAが東日本大震災の被災地をはじめ、日本の生産現場に適していると提案する。

　──30年前と今のCSAの違いはなにか。

「厳格な基準や定義を持たないことが多様なCSAを生んだ。素材は牛

肉、豚肉、ラム肉、乳製品、魚介類、ワイン、パン、果物、生花など多彩になった。ほとんどすべての食材を会員に通年提供する農場もある。配布期間、サイズ、支払い方法もさまざまだ」

　──アメリカのCSAのルーツは日本で1970年代に始まった「産消提携」ともいわれている。

「CSAは生産者と消費者が自分たちに適した形に自由にアレンジしてかまわない。産消提携は基準や運用が厳しい。産消提携に創設時から携わる日本の知人が『若い世代が集まらない』と心配していた。原因はそのルールの厳しさにあると思う」

　──不作時のリスク共有など、アメリカのCSAを実践するのはむずかしいと日本では思われている。CSAと呼べる最低条件はなにか。

「一つ目は生産者を支える仕組みであること。二つ目は新鮮で高品質な地域食材を生産者・生産団体と消費者が直接取り引きすること。この2点を満たせばCSAだ」

　──東北の被災地では多くの生産者が販路の回復に苦労している。

「販路が限定されると、災害時のリスク分散がむずかしくなる。取引先の集中は結果として流通業者に強大な力を与えることになる。会員一人一人と直接取り引きするCSAは、そのリスクから被災地の生産者を守ることになる」

　──日本にCSAを普及させるにはなにが必要か。

「もっとも重要なのは支援組織をつくることだ。アメリカではオーガニック農産物の認証団体やジャストフードのようなNPO、生産者団体がCSAの仕組みやメリットを仲間の生産者や消費者に草の根的に説明して回り、CSAを広めた。日本にはすばらしい生協組織があちこちにある。CSA生産者が生協と連携するのもよいと思う。例えば、販売店舗を持つ生協の店先にCSAの受け渡し場所を開設みてはどうだろうか」

　──日本は単一栽培が一般的だ。取り組みやすいCSAの形態は。

「台湾には米と野菜の生産者、漁業者が連携して毎週食材を提供するC

SAがある。この方式だと、それぞれの生産者が自分たちの仕事に専念できる」

　——アメリカの都市部では地域食材が飲食店の看板商品になっていると聞いた。CSAの課題はなにか。

「CSAの実践農場は2000年ごろまで1000軒程度で、2017年までの10年で急速に広まった印象がある。ブローカーが生産者から食材を安く買い、農場が運営するCSAと偽って消費者に販売するケースも出ている。カリフォルニア州は2013年、CSAという言葉の使用を生産者と生産団体が直売するときに限定する法律規制に乗り出した[注9]」

　——TPP（環太平洋連携協定）やFTA（自由貿易協定）など国際社会の貿易自由化を模索する動きにどう向き合うべきか。

「自由貿易は企業利益のみ追求する大企業しかもうからず、地域経済を衰退させる。小規模生産者を支える重要性を、消費者に理解してもらうことが大切だ」

（本稿は2017年8月に「河北新報」朝刊に連載した「米国流直売経済　CSA先進国の今」に加筆した。登場人物の肩書きは当時のもの。1ドルは110円で計算）

〔注〕
(1)「Direct Farm Sales of Food : Results from the 2015 Local Food Marketing Practices Survey」2016年、アメリカ農務省
(2)「2012 Census of Agriculture」2012年、アメリカ農務省
(3)New Hampshire Community Seafood (http://nhcommunityseafood.com/)
(4)「The Farmer's Share of The Retail Dollar」National Farmers Union
(5)「Workplace CSA Tipsheet」Just Food
(6)「Know Your Farmer, Know Your Food」2012年、アメリカ農務省
(7)「Just Food Annual Report 2015」2016年、Just Food
(8)「Binghamton Farm Share Annual Report-2015」2016年、VINES
(9)AB-224 Agricultural products: direct marketing : community-supported agriculture.2013年、カリフォルニア州政府

〔参考文献〕

『Sharing the Harvest : A Citizen's Guide to Cummunity Supported Agriculture』Elizabeth Henderson, Robyn Van En（Chelsea Green Pub Co.）

『農業超大国アメリカの戦略』石井勇人（新潮社）

『Civic Agriculture : Reconnecting Farm, Food, and Community』Thomas A. Lyson（University Press of New England）

『シビック・アグリカルチャー　食と農を地域にとりもどす』トーマス・ライソン著、北野収訳（農林統計出版）

『Cultivating Customers : A Farmer's Guide to Online Marketing』Simon Huntley（Lioncrest Publishing）

『The New Bread Basket』Amy Halloran（Chelsea Green Publishing）

福士正博「地域内乗数効果概念の可能性」2005年、東京経済大学会誌第241号

波夛野豪「CSAの現状と産消提携の停滞要因　スイスCSA（ACP：産消近接契約農場）の到達点と産消提携原則」2013年、有機農業研究第5巻

「Buy Local, 2015 Guide to Foods Produced in the Southern Tier & Finger Lakes」2015年（Cornell Cooperative Extension）

「CSA in NYC Tipsheets」2010年、（ Just Food ）

「Starting and Maintaining Community Supported Fishery（CSF）Programs : A Resource Guide for Fishermen and Fishing Communities」2012年、（National CSF Summit Planning Committee）

「コメにかける　大崎・鳴子」2007年4月（河北新報）

「ここで生きる　被災・海辺のまちの希望」2011年6月、結城登美雄（河北新報）

「『支援型農業』被災地で注目」2014年4月7日（河北新報）

「Even as N.H. Fishing fleet shrinks, seafood 'farm share' program continues」2016年3月30日（Concord Monitor）

「Surging farm sales, New York, Cortland County ride national wave」2016年12月31日（Cortland Standard）

「Veggies Go Farm to Cubicle」2012年9月12日（The Wall Street Journal）

フランスの農業事情と
アマップの成立・展開

レンヌ第２大学　雨宮裕子

　フランスで産消提携の取り組みが誕生したのは、2001年の春のことである。アマップ（AMAP Association pour le Maintien d'une Agriculture Paysanne　農民農業を守る会）と呼ばれる産消提携は、食の安全が問われ、家族農業が消えようとしているときに、農民が消費者に連帯を呼びかけて、立ち上げられている。創設のヒントになったのは、日本のTEIKEI[注1]とアメリカやカナダのCSA地域支援型農業である。

　ここでは、まずフランスの農業の現状に触れ、創設者ヴュィヨン夫妻の話をもとに、どのような経緯でアマップが生まれたかを振り返る。そしてアマップの特徴を、日本の1970年代の提携運動と比較考察し、アマップがなにをめざし、2001年の創設時から現在（2018年）まで、どのような展開をしてきているのかを報告する。

アマップができるまで

　アマップは安全な地元の農産物の産消提携だが、それが形として立ち上がるには、それなりの背景と必然があり、人と人との出会いがあった。家族経営の農園を守りたい農家が、消費者住民に働きかけ、アソシエーションをつくり、契約書を交わして生産者と消費者の提携が始ま

る。これがアマップである。アマップが誕生するまでの経緯を、フランスの農業事情を概観してから、たどってみよう。

フランスの農業の近代化

日本では、フランスは酪農が発展した国、おおらかな田園地帯の広がる農業国というイメージがあるようだ。たしかに、私が暮らすブルターニュ地方は、ノルマンディー地方と並ぶ農業圏で、町を一歩出れば、なだらかな丘陵に乳牛が放牧され、隣接する広大な畑にはトウモロコシなどの飼料作物が栽培されている。けれども、その風景に寄り添う人影を見かけることがない。トラクターがときたま動いていることはあっても、手作業の野良仕事は過去のものとなっている。これが、1960年代に始まった農業の機械工業化、近代化が生み出した新しい農業の姿である。農機の導入と化学肥料の投入で、農民は３Ｋ（きつい、汚い、危険）の農作業から解放された。

農業の集約、大型化が進み、小規模な家族農業は大型営農に吸収淘汰されて、農業人口は減少の一途である。INSEE（国勢調査局）のデータによれば、農業を生業とする家族の数は1955年には230万戸とされるが、2013年の統計では５分の１以下に減っていて^(注2)、現在も減り続けている。その一方で、放棄地がそれほど問題にならないのは、農地が、近隣の農場経営者に買い取られ、集約化が進んでいるからである。

フランスの農業形態をおおまかに言うならば、南部は野菜、果物、ワイン、中央山岳地帯は肉牛、パリ近郊は大規模な小麦生産、北部は酪農、養鶏、養豚と野菜、リンゴ、シードルという地域特性がある。平均耕地面積は61haであるが、生産物によって必要耕地面積が異なるので、地域格差は大きい。

苦戦を強いられる小規模家族農業

ここブルターニュ地方のイル・エ・ヴィレーヌ県は、酪農、畜産が盛んである。60年代に大型畜産の農業モデルが推奨され、大規模な養豚、

養鶏に乗り出す農家が相次いだ。それが、し尿による河川の汚染を引き起こし、一時は、小学校の給食にミネラルウオーターが配られる騒ぎになった。おまけに、生産過剰が値崩れを引き起こせば、経営の見直しを迫られる。設備投資が回収できず、親から受け継いだ農地を抵当にとられた農夫が、家に火を放って猟銃自殺したのは、2007年の春のことである。^(注3)後継者がここまで困窮していても、それが周囲にはわからないことが多い。この農夫の場合も、苦悩を一人で抱え込み、近隣の農家に打ち明けることはなかったそうだ。

実際、フランスの小規模農家は貧困にあえいでいる。農民の三人に一人は月収が350ユーロ（約4万3000円）未満で、18歳以上の労働者に保証されている最低月給の3分の1にも満たないのだ。農民の自殺が他の業種を上回っていることは、かねてから指摘されている事実である。政府は、2014年に「農業ホットライン」を開設し、困窮農民の相談を24時間で受け付ける体制を整えた。マクロン首相は、農家の生活が成り立つ価格設定のあり方を検討するというが、どのような政策が打ち出されるのか、まだ未知の段階である。

立ち上がった農民

環境汚染、食の安全、農村の過疎化など、近代化に伴う農村の再編は、さまざまな問題を引き起こす。家族営農の小規模農家は、設備投資をして大型営農に切り替えるのでなければ、暮らしが成り立つ農の維持はむずかしい。アマップの第1号が誕生したのも、家族営農の小規模農園を守りたいと願う農民の苦境が背景にある。声を上げたのは、南フランスのオリウル町にある「レオリバッド農園」の、ヴュィヨン夫妻である。^(注4)「生活が成り立つ経営を確立するにはどうしたらよいのか」「農園が点在位する農村の景観を守るにはどうしたらよいのか」、夫妻はこの二つの問いを抱えて、悩んでいた。「レオリバッド農園」はヴュィヨン家が代々家族で営んできた農園である。それを1984年に、農学を学んだ夫君のダニエル氏と、看護師をしていた妻のドゥニーズさんが、ダニエル

氏の父親から引き継いだ。

　夫妻は安全な農業を心がけて、10ha弱の農地に果樹と野菜をつくり、マルシェ（青空市場）や農家の直売所などで販売していく。ところが、「レオリバッド農園」は都市化の波に呑まれて、高速道路に分断されてしまう。近郊の田園は都市計画に沿って整備され、駐車場を備えた大型スーパーが農園のそばに建設された。そのあおりで、農園の野菜や果物の売れ行きが鈍り始める。消費者の足が、マルシェよりもスーパーへ向かうようになったからである。そして、1991年に大型量販店の流通が合理化されると、露地野菜を扱ってくれていた近くのスーパーまでが、農園の野菜を受け付けなくなった。スーパーの側が、一年じゅう均一な温室の工業生産野菜に切り替えると言ってきたのである。夫妻は、農園の分断で生活環境を破壊され、有機農産物の主要な販路をなくして、苦境に陥った。

　そのとき、夫妻が考えたのは、生産者仲間で悩むだけでなく、生活圏を共有する近隣の消費者住民に訴えることであった。ブドウ畑や果樹園の景観は、農園主だけでなくそこに住む人たちみんなのものである。不ぞろいでも、味と滋養に満ちた露地野菜は、それを食べる人たちの健康の源ではないか。ダニエル氏は、もともと、農民の権利と暮らしを守る運動の、先頭に立って活動してきた人である。狂牛病の発生で、食の安全へ消費者の関心が高まっているときでもあった。氏は、食の安全をテーマにした市民集会に参加して、生産者への連帯を呼びかけようと考えた。

CSAとの出会い

　アマップは、ヴュィヨン夫妻が無から編み出した取り組みというわけではない。構想のヒントになったのは、娘の滞在先で初めて出会ったCSAである。それは、1999年の暮れ、ニューヨークにいる娘のエディットを訪れたときのことだった。夫妻の話を聞いたエディットの友人が、自分が農家の「支援パートナー」として参加しているCSAの取り組み

を紹介してくれたのだ。

　夫妻はさっそく、ニューヨークから車で2時間のところにあるCSA農場を訪問。そして、CSAのまとめ役を果たしているJust Food（地域の食と農の安全を守るためのアソシエーション）の事務局でCSAについて、詳しい説明を受けた。Just Foodで「CSAの消費者会員は飛行機で遠くから運ばれてくるビジネス有機野菜には反対であり、地域の有機農産物を食べるために参加している」と教えられた夫妻は、CSAの取り組みと原則にすっかり魅了されて、帰途につく。Just Foodからは、CSAの創設の仕方や契約について書かれたさまざまな資料をもらって帰った。エディットはさらにさまざまなCSAの取り組みを調べ、カナダのCSA農場を訪問したり、日本のTEIKEIも調べたりして、夫妻に情報を提供し続けた。

　翌年、夫妻は再度ニューヨークを訪れる機会を得た。このときは、生産者の話を聞いたり、野菜配布の現場を見たり、消費者会員の役割を確認したりして、CSAの契約販売の仕方を具体的に学んだ。それは、生産者と地域の消費者が手を結ぶオルタナティヴな経済活動の一つであり、言葉の違いを超えて、夫婦の心に響くものがあった。ヴュイヨン夫妻がニューヨークで目にしたのは、地域の農業を支える連帯経済の試みで、意識ある消費者に声をかければ自分たちにもできるのではないかと、二人は確信をもった。

消費者への働きかけ

　フランスの場合、農産物の生産や流通の合理化は、近隣の国々を巻き込んで再編される。1996年の狂牛病事件は、イギリスからの牛肉輸入を禁止するだけでなく、原因をめぐって流通システムが問い直されるきっかけとなった。消費者の関心が農産物の値段より、生産様式や流通システムに向けられるようになると、食の安全をめぐる市民集会が、各地で開催されるようになり、消費者の安全志向が高まる。フェアトレードの食品や、有機農産物の需要が伸び始めたのも2000年ごろからである。

　ヴュイヨン夫妻は、アメリカのCSAの取り組みをもとに、自分たち
の農園に適した産消提携を模索した。パートナー消費者には食や環境問
題に関心のある市民グループがいい。それで、2000年の８月、オーバー
ニュ市のATTAC（市民を支援するために金融取り引きへの課税を求め
る会^{（注7）}）のメンバーに相談を持ちかけた。ATTACのメンバーたちは食の
安全を考える集会を企画しているところだった。夫妻の提案は機を得
て、ATTACの集会で紹介させてもらえる運びとなった。

　11月の集会の日、ダニエル氏は自分の農園の苦境や、安全な取り組み
を続ける小規模営農者たちの困窮を説明して、地域の農を守るために
は、意識ある消費者の連帯協力が必要だと訴えた。この日のために練り
上げた産消提携方式の意義と利点を紹介すると、参加者のなかから興味
をもってくれる人たちが現れた。

　その人たちの協力を得て、アマップの結成集会にこぎつけたのは、
2001年の３月21日のことだった。その日、夫妻が方式を説明し、この取
り組みに農園の命運がかかっていることを訴えたのだが、消費者たちは
考え込んでいて、なかなか声が上がらない。ドゥニーズ夫人は、計画は
失敗だと思って、意気消沈していたという。幸い、一人の消費者が立ち
上がり、その掛け声で23人が参加に同意してくれたので、アマップ第１
号は産声を上げることができた。参加した消費者会員の回想によると、
集まった人の半分は、二つの大きな理由から、そのときは登録を見送っ
たという。

　一つは、ヴュイヨン夫妻の農場と消費者の住むオーバーニュ市が45km
も離れていたこと。もう一つは、「野菜や果物は、やっぱり自分で選ん
で買いたい」という、消費者の自由への執着である。距離については、
「車は農産物の運搬のために、CO_2（二酸化炭素）を撒き散らして45km
の距離を往復する。安全な農産物を推奨する一方で、環境を汚染するの
では意味がない」と、矛盾が指摘された。買い物の習慣を切りかえ、好
きなときに、好きなものを、好きなように買える自由を捨てるのは、活
動に理解のある人でも躊躇^{（注8）}する。フランスの場合、マルシェが街の一角

に毎週立つので、欲しい有機野菜を自分で選びながら、生産者から直接買うことができる。その自由を返上してアマップ会員になるには、それなりの覚悟が必要となる。

パニエの中身とアマップの原則

最初のパニエ

ヴュィヨン夫妻は、4月の初め、農園にアマップ参加予定の消費者を招いてピクニックを企画した。農園を見てもらい、自分たちの意図を理解してもらい、生産の現場にも参加してもらうためである。アマップの消費者会員に期待されているのは、「食べ支える」ことだけではない。コンソマクトゥール（consom'acteurs）:「食べる活動家」として、地域の家族農業を守るために、農家とともに闘う自覚をもってもらう必要がある。地域の社会を支える一市民として、自分になにができるか、なにをしなければならないか、という自身への問いかけがパートナー会員の意識の根底になければならない。

夫妻は農園がなにをどうつくっているのか、年間の作業工程を消費者会員に説明して、質問に答えながら、会が軌道に乗るまでは、寛容であってくれるように頼んだ。パニエに入れる農産物は、農園が果樹もつくっているので夏のパニエと秋冬のパニエと2種に分け、値段も分けた。ただし、値段は年間の諸経費を計算して、農民の生活が成り立つ額を週の数で割り出したので、パニエの中身に呼応しているわけではない。そのこともよく説明した。一回の配布農産物の量は、大人二人と子ども二人の4人家族を想定し、夏が19.5ユーロ（2600円）、秋冬が15ユーロ（2000円）であった。

第1回の配布は、翌週の4月17日の午後6時。消費者会員の住むオーバーニュ市の駐車場に、夫妻は32軒分のパニエを運んだ。その中身は**表2-2**のとおりである。

表 2-2　レオリバッド農園の最初のパニエの中身

第 1 回のパニエの品目と量　2001 年 4 月 17 日	
ニンジン…………一束	ホウレンソウ……一袋
ズッキーニ………10 本	ソラマメ…………一袋
ビーツ……………四つ	ラディッシュ……2 種類
サラダナ…………3 種類	カラシナ…………一束
ミズナ……………一束	イチゴ……………500g
卵…………………6 個	ミント、タイム（香菜）
オレンジ…………5 個	
（ジャムのつくり方つき）	

アマップのパニエ

　アマップの原則は「消費者は代金を前払いし、生産者は『アマップ憲章』にのっとった、安全で質のよい農産物を定期的に届ける」ことである。契約は季節限定であったり、1 年であったり、扱う農産物と生産者の希望で期間が決まる。契約書には、「アマップ憲章」を守るという原則のほかに、予約前払い制であることが書かれている。会員になるには、契約書にサインをし、予約期間分を小切手でパートナー農民に前払いする。小切手は便利なシステムである。総額を一度に決済されては困る家庭の場合、毎月、1 か月分を引き落とすことも可能で、家計のバランスを崩さずにアマップ契約ができる。

　アマップ契約は生産者ごとにおこなわれる。消費者が野菜だけでなく、チーズや卵やパンなども希望する場合、品目によって生産者が異なることが多い。その場合は、生産者ごとに小切手を切り、必要数だけ用意する。

　グループの規模は、生産者の供給力と扱う農産物によるが、20人から80人程度が多い。配布は、週に 1 回、仕事帰りに寄れる時間帯が一般的で、グループが決めた場所でおこなわれる。また、アマップ会員とパートナー農民は、援農や農場訪問などさまざまな活動を通して、相互理解を深める努力をすることになっている。

連帯のパートナーを求めて

アマップという名称

ヴュイヨン夫妻は、CSAをヒントに、フランスの産消提携契約にも独自の名称をつけたいと考えた。新しいコンセプトを広めるには、宣伝効果があって、しかも理念を盛り込んだ名称が望ましい。CSAをフランス語に訳するだけではインパクトが足りない。夫妻は、自分たちが消費者にいちばん訴えたいことはなにかを考えた。そして、自分たちが求めているのは、農産物を「買い支える」だけの消費者ではなく、苦境を分かち合い連帯してくれる消費者だと気づく。食の安全や環境の保全に、市民として責任を負う意識のある消費者こそ、夫妻が求める連帯のパートナーなのである。

その思いをアマップこと「農民農業を守る会」の名称に込めた。ドゥニーズ夫人は「支える」ではなくともに「守る」、消費者参加の農民農業が望ましいと考えた。農民をあえてつけたのは、大規模な機械化工業農業の推進ではないことを強調するためである。地域の、小規模な家族経営の農業に消費者の関心を向かわせて、その維持には、地域住民に意識的連帯が不可欠であることをアマップという名称に込めたのである。

３年間で 100 か所の農場を回る

2001年の４月、アマップの第１号が立ち上げられてから、ヴュイヨン夫妻のもとには、たくさんの問い合わせが届くようになった。それに答えるために、夫妻は、アリアンス・プロヴァンス（Alliance Province）というアソシエーションを発足させる。アリアンス・プロヴァンスは、アマップを普及するための推進母体で、初代の会長にはダニエル氏が就任した。初めの３年間、二人はアマップを広めるために、少なくとも、100か所の農場を回ったという。

　アマップは、安全な農産物の新しい流通方式としてメディアにも取り上げられ、2002年には17グループに膨れあがる。すると、「アマップなら、少しの野菜でもうまく売りさばける」「スーパーや卸で叩かれるより、いい値で売れる」などと、噂が噂を呼び、それに乗ってみようという生産者や、消費者が増えて、本来の目的も理念もあやふやになる恐れが出てきた。なかには、アマップをかたって、野菜の転売をしたり、有機と偽っていいかげんな商売をしたりする者もあって、夫妻の困惑は深まるばかりであった。

「アマップ憲章」の制定

　アマップが理念を忘れて一人歩きして、取り組みが台なしになっては困る。夫妻はアマップの整合性を守るために、規範を文章化することを考え、仲間たちと草案を起こした。そして、2003年の5月、アリアンス・プロヴァンスの総会を経て、草案は「アマップ憲章」となった。
　憲章には、以下の条項が細かく明記されている。
1.　基本的理念
2.　アマップとはなにか——組織と目的
3.　守るべき原則——「アマップ創設者18か条」
4.　アマップ創設の仕方
5.　アマップの運営原則　①消費者の組織化、②契約、③産物の追加購入、④配布農産物の値段、⑤生産——「農民農業10か条」[注14]を守ること、⑥運送と配布、⑦精算、⑧生産者と消費者のコミュニケーション、⑨活動の反省、⑩さらなる前進のために
6.　「農民農業10か条」
　　　基本的理念には、「都市と農村を結ぶ連帯経済による持続可能な農業の発展に貢献し、消費者が安全なものを適正な価格で手に入れられるようにすること」がうたわれ、消費者は「消費活動家」であるようにと書かれている。

憲章に沿った運営が立ち上げの条件

この「憲章」の制定と同時に、アマップという呼称も商標登録された。それは、アマップが認定制になったことを意味する。アマップを名乗って産消提携を始めるのであれば、アリアンス・プロヴァンスに加盟することが、義務づけられる。その認可を得て、「アマップ憲章」に沿った運営をすることがアマップグループを新しく立ち上げる条件となったのである。

アマップは、小規模な家族経営の農家が生き残れる道を模索して立ち上げた、連帯経済の一つである。「農民農業を守る会」という呼称に込められた、地域の農を消費活動家と連帯して守るという意気込みは、「アマップ憲章」のなかにもじゅうぶん盛り込まれている。2001年の春、第1号が誕生してから早や17年が経過している。その間、アマップはどのような展開をしてきているのであろうか。アマップの特性をよりよく理解するために、日本のTEIKEIと比較し、多様化するフランスの有機農産物市場を概観してから、アマップの現状へと報告を進める。

産消提携国際シンポジウムを開催

日本のTEIKEIは、フランスにアマップが台頭して、農村振興策として脚光を浴びはじめたばかりのころ、CSAとともに招かれて、南フランスの舞台に上がっている。2004年の2月、オーバーニュ市で開かれた、第1回の産消提携国際シンポジウムの舞台でのことである。ヴュィヨン夫妻と娘のエディットさんが中心になり、EU（ヨーロッパ連合）と南フランスのPACA地方[注15]からの助成を受けて、このシンポジウムを成功させている。AMAP、TEIKEI、CSAの実践者たちが、地元の農家に分宿しながら交流し合い、それぞれの産直実践をまる二日かけて討論しあった。

日本からは日本有機農業研究会のメンバーが参加して、TEIKEIを紹介している。産消提携の規模も取り組みの形もまちまちで、比較検討で

きる状況ではなかったが、各国の小規模家族農業の実態と食料事情を知る貴重な機会であった。なにより、カナダ、ブラジル、ポルトガル、ベルギー、モロッコと国際色豊かな集会で、同じ価値を共有し合う者同士の熱気が、会場に満ちあふれていた。農民を支える消費者パートナーの活動は、どこもボランティアで、問題も悩みも多い。そのメンバーたちが、一堂に会して交流し合った３日間は、参加者たちに明日への勇気を与えていた。

日本の「提携10か条」と「アマップ憲章」の比較

　TEIKEIもアマップも、市民が立ち上げる安全な農産物の産消提携である。けれど、その取り組みには、本質的な違いがある。それをひとことで言うなら、TEIKEIは相互理解、互助の精神に基づいた信頼産直で、アマップは規範と認証を基盤とする契約産直だということである。信頼があれば、契約はいらない。信頼できる農民のつくる野菜であれば、その安全を疑う消費者会員はいない。日本では、有機認証が2006年に制度化されたが、提携運動が広がった70年代、農産物に有機認証を求める発想は生まれていなかった。

「アマップ憲章」は、「アマップ創設者18か条」と「農民農業10か条」を運営の規範に掲げている。日本では、日本有機農業研究会の一楽照雄が、運動の道しるべに「提携10か条」をまとめている（1978年）。産消提携は、自主的取り組みなので、参加、不参加は一人一人が自由に決めればよい。しかしながら、規制のない自由は、集団の円滑な運営を乱しがちである。

　ヴュイヨン夫妻は、日本のTEIKEIが信頼を基盤に、70年代から今日まで続いていることに感激している。ドゥニーズ夫人の著書の『アマップ第１号物語』には「提携10か条」がそのまま載っていて、彼女はよく日本のTEIKEIを引き合いに出しては、生産者と消費者の信頼関係を説明している。

表 2-3 日本の「提携 10 か条」とフランスの「アマップ憲章」の比較

	提携 （日本）	アマップ （フランス）
規範	「提携 10 か条」	「アマップ憲章」 - アマップ創設者 18 か条 - 農民農業 10 か条
成立	1978 年 10 月、第 4 回全国有機農業大会で発表 一楽照雄 （日本有機農業研究会の創設に貢献した第一人者）がさまざまな提携グループの活動報告をもとに草案を練り、有機農業に取り組む生産者、消費者グループのリーダーたちと合議し、提案	2003 年 5 月、生産者ヴュイヨン夫妻の主導でアリアンス・プロヴァンスのメンバーが草案を練り、2003 年 5 月の総会で承認制定
目的	有機農業運動を促進し、人類が平和に共存していく途を模索するための、指針を示すこと	アマップの規範を明示し、アマップを名乗るグループの正当性を保証すること （新設のアマップは、創始者団体、アリアンス・プロヴァンスの承認を受け、アマップ連合に加入し、「憲章」を守る義務を負う）
基本的理念	提携 10 か条 1. 生産者と消費者の提携の本質は、物の売り買い関係ではなく、人と人との友好的付き合い関係である。すなわち両者は対等の立場で、たがいに相手を理解し、相助け合う関係である。それは、生産者、消費者としての生活の見直しに基づかねばならない ——提携は、本質的には贈与的な性質の相互扶助の行為 ——相手は取引の相手ではなく、苦楽をともにする家族の延長 ——自己中心の習性から脱却し、金銭では量れない価値を再認 ——農家は全面的自給自足をめざし、非農家は食膳から加工食品を追放すること 2. 生産者は消費者と相談し、その土地で可能な限りは消費者の希望する物を、希望するだけ生産する計画をたてる 3. 消費者はその希望に基づいて生産された物は、その全量を引き取り、食生活をできるだけ全面的にこれに依存させる	アマップ創設者 18 か条 アマップは、次のことを約束する 1. 生産者は「農民農業 10 か条」に準拠 2. 栽培作物や飼養動物の種類に適した手づくり生産 3. 生物の多様性、肥沃な土壌、化学合成肥料、農薬の不使用、無駄のない水の管理など、自然と環境と生きものに配慮のある生産 4. 環境にやさしく、安全で、味のよい、高品質な作物 5. 地域の農民農業支援 6. 連帯取り引きと農業の持続的発展の維持のために動く、地域のあらゆる活動家たちとの積極的連携、連帯 7. 農場の雇用者にたいして、臨時雇いも含めて、社会的規範を尊重 8. 農産物の買い付け、生産、加工、そ

提携　（日本）	アマップ　（フランス）
4. 価格の取り決めについては、生産者は生産物の全量が引き取られること、選別や荷造り、包装の労力と経費が節約されるなどのことを、消費者は新鮮にして安全であり美味な物が得られるなどのことをじゅうぶんに考慮しなければならない ——価格は品物の代金というよりも、行為にたいする謝礼。　生産者と消費者の双方が納得できるものであれば、決め方は自由 ——市場には縛られず、変動のない価格 5. 生産者と消費者とが提携を持続発展させるには、相互の理解を深め、友情を厚くすることが肝要であり、そのためには双方のメンバーの各自が相接触する機会を多くしなければならない ——農家訪問　援農 6. 運搬については原則として第三者に依頼することなく、生産者グループまたは消費者グループの手によって、消費者グループの拠点まで運ぶことが望ましい ——運搬の都度、生産者と消費者が顔をあわせるのは、親近感と責任感を強めるのに計り知れない効果 7. 生産者、消費者ともそのグループ内においては、多数の者が少数のリーダーに依存することを戒め、できるだけ全員が責任を分担して民主的に運営するように努めなければならない。ただし、メンバー個々の家庭事情をよく汲み取り、相互扶助的な配慮をすることが肝要である 8. 生産者および消費者の各グループは、グループ内の学習活動を重視し、単に安全な食料を提供、獲得するだけのものに終わらしめないことが肝要である 9. グループの人数が多かったり、地域が広くては上の各項の実行が困難なので、グループづくりには、地域の広さとメンバー数を適正にとどめて、グループを増やしたがいに連携するのが、望ましい	して販売における、透明性の重視 9. 生産者が、自分で選択できるようになり、ひとり立ちできるようになるまでの援護 10. 流通距離が最短で、顔の見える関係が保てる、生産者と消費者の近さ 11. 一つのアマップは一人の生産者と地域の消費者グループで構成 12. 季節ごとに生産者と消費者は契約を交わし、それを尊重 13. 生産者と消費者の間に仲介はなく、消費者メンバーの承諾なしに買った農産物の転売なし 14. 季節ごとに両者で公正な値段を設定 15. 農産物についての情報を消費者にじゅうぶん伝達 16. 生産の不測の事態には、消費者は生産者に連帯 17. できるだけ多くの消費者会員への役割分担により、アマップ活動への積極的参加の促進 18. 農民農業の特徴について、会員の理解促進 **農民農業 10 か条** 1. できるだけ多くの営農者が、農業に従事し、農業で生きていけるよう、生産規模を分配・調整する 2. ヨーロッパの他の地域や、世界の農民と連帯する 3. 自然を大切にする 4. 豊かな資源を活用し、希少な資源は無駄にしない 5. 農産物の買い付け、生産、加工、そして販売にあたっては、透明性を重んじる

	提携　（日本）	アマップ　（フランス）
	10. 生産者および消費者ともに、多くの場合、以上のような理想的な条件で発足することは困難であるので、現状は不じゅうぶんな状態であっても、見込みある相手を選び、発足後逐次相ともに前進向上するよう努力し続けることが肝要である 注：傍線の付記は、一楽のコメントで、理解に役立つと思われる部分の要約である	6. 安全で、味のよい農産物をつくる 7. 営農の最大限の自立をめざす 8. 農村の多領域の活動者たちと、パートナーシップを心がける 9. 農場の飼養動物の種類や、栽培産物の種類の多様性を保つ 10. 長期的展望と、広い視野に立って、ものを考える

表 2-4　アマップの五つの基本原則　（抄訳）　2014 年に改訂された「アマップ憲章」から

1.　地域の農民農業であること

2.　人と環境と動物に配慮のある有機農業を推奨すること

3.　良質で味がよい食べ物を健全な環境でともに育てること

4.　地域の人々の農業や環境や食への意識を高める教育活動に取り組むこと

5.　一定期間、農産物を分かち合う直接の連帯契約であること

　TEIKEIの産と消の結びつきに理想を見るアマップが、フランスで発展している一方で、日本では「提携10か条」が忘れさられようとしている。両者のどこにどのような違いがあるのか、まずは規範を比較しながら考えてみよう[注16]（**表2-3、表2-4**）。

人と人を結ぶ信頼関係

人と人を結ぶ力を育てる

　日本でNPO法案ができたのは阪神淡路大震災以降である。フランスでは1905年にNPO法が成立している。県庁に届けを出し、認可がおり

なければ、銀行に会の口座が開けない。だから、市民活動の基盤には、ごくあたりまえに、文書とサインで整えた規範がある。一方日本では、契約書や捺印はむしろ人間関係に水をさす傾向があり、なしで済むならそのほうが無難である。実際、70年代に立ち上げられた提携グループは、NPO法案のない時代のことなので、基盤は契約ではなく、人と人を結ぶ信頼関係といえる。

初めは認証にこだわったドゥニーズ夫人も、自著の『アマップ第1号物語』のなかで、認証で結ばれる産と消である必要はなかったと言っている。実際、フランスでも、取り組みを続けてみると、契約の拘束力とは別の力が会員を引き寄せたり、遠のかせたりしていることがすぐにわかる。有機農産物がスーパーでも、マルシェでも自由に買えるフランスで、あえて「不自由」なアマップに参加する人たちなのである、もとより、地域の家族農業を少しでも支えたいという意気込みをもっている。アマップ会員に求められる契約は、あくまで形式でしかない。不満があれば、まず討論の場に持ち込む習慣のある人たちである。その一人一人が、会の取り組みにどれだけ加わるかは、本人の意識や会の雰囲気や、パートナー農民の人柄などによる。人と人を結ぶ力の魅力が、会のなかにどれだけ育っているかということである。

民主的な対話

会の活動を支え、円滑に発展させるのは人の輪の力だ。その力を育むのは、顔の見える関係で積み重ねられる対話である。文字にしてはこじれる話でも、相手の顔を見ながら話し合えば、たいていの場合、どこかに糸口が見つかる。これは「ひろこのパニエ」という産消提携グループをレンヌ市で立ち上げ、運営の先頭に立っていたときに、痛感した事実である。間違いや不足農産物があっても、「今度から気をつけるからごめん」で、笑って収まったことが何度もあった。

人が運営する会に失敗はつきものだ。まして天候に左右される農産物を扱うのだから、平穏な一年などあり得ない。そんな運営上の不満や問

題を取り上げて、生産者と消費者会員が話し合う機会がある。それが総会である。総会が会の運営を話し合う場として機能しているかどうかは、重要な問題である。親睦を優先するのであれば、問題は議題に上げないほうがよい。不満は我慢し合って、会の和を保つ懇親会に終始する。私も体験したことであるが、日本の産消提携グループの場合、双方の顔合わせは議論より親睦が目的で、問題が指摘されても、そこから論争へ発展することはまずない。少なくとも、2008年の秋から４年間の日本滞在中、何度か出席したさまざまなグループでの体験実感である。[注17]

　フランスの市民運動は、民主的討論の積み上げが前提にある。和を保つのではなく、論議を尽くして違いを認め合い、すり合わせを繰り返して、和を生み出すのである。それは市民運動の民主的運営の基本である。

　パリ14区のアマップの総会に参加させてもらって、生産者と消費者の[注18]やりとりを目のあたりにしたことがある。消費者会員たちは、パニエの中身に少々不満があり、次年度の契約内容に要求があった。パニエに入ってくるリンゴが少ないので、もっと量を増やしてほしい、完全無農薬のリンゴがもっと欲しいというのである。すると農家がきっぱり言った。「うちの果樹は慣行から転換中で、収量が安定していない。来シーズンからすぐ、完全無農薬でたくさん収穫してと言われても無理だ」。しばらく議論が続いたが、結局消費者のほうが折れ、翌年はとりあえずリンゴの量を増やしてもらい、完全無農薬を要求しないことで話がまとまった。

　論議はあくまで論議である。意見の異なる相手を敵に回すわけではない。会のよりよいあり方を求めて、思いのたけを話し合うのである。多様な意見があればあるほど、みなが納得する合意点を求めて、努力を重ねる必要がある。我慢し合っていれば、会の平穏は保たれる。でも、問題がなければ改良も発展もないので、会は同じことを繰り返す閉じた運動体にとどまるだけである。

　日本の70年代のグループが外を巻き込む活力を持てなかった一端に、

論議を避ける気風がありはしないだろうか。異のあることを認め合い、それをすり合わせる努力の積み重ねが会員の結束を高め、あらゆる状況に対応できる柔軟性を育てていくのではないだろうか。市民主導の活動を支える基盤の差異が、70年代の日本の提携とフランスのアマップの軌跡に見てとれる。

多様化する有機農産物の流通

　フランスでは有機農産物の需要が増え続けている。その背景には、繰り返される食品公害で、消費者の危機意識が高まっていることが挙げられる。昨今では、乳製品を製造販売する多国籍企業のラクタリス（Lactalis）が、サルモネラ菌に汚染された粉ミルクを世界83か国に販売して、大きな問題になっている（2018年）。ここ20年、がん患者の数は35％も増え、なかでも小児がんは毎年１％ずつ増えている。その原因の第一は、環境や食品の汚染と考えられている[19]。おのずと有機農産物の需要は高まり、国内の生産が追いつかないので[20]、野菜や果物はドイツやイタリア、スペインなどからの輸入に多くを依存している。2001年にアマップが発足した当時と較べると、有機食品の普及には目を見張るものがある。

　中堅の地方都市レンヌを例にとって[21]、多様な入手方法を整理してみよう。地元のものにこだわらないで、どこの国のものでもよいのであれば、自然食品店や、有機食品専門店で買うこともできるし、ネット注文もできる。最近では、スーパーの有機食品コーナーも充実していて、農産物だけでなくあらゆる加工食品が有機のマーク付きで並んでいる。大手のスーパーが有機食品市場に参入して、自社の有機食品を販売しているので、価格も他の食品とほぼ変わらないものが増えて、有機食品がどこでも普通に手に入るようになっている。

　生産者の顔が見える、地元のものをと思うなら、マルシェや有機農家が集まって経営する直売店、農家の庭先の直売所などがある。マルシェ

の利点は、欲しいものをばら売りで手に取って買えることである。ばら売りの習慣はスーパーの野菜や果物コーナーにもあるが、輸入ものの有機農産物はラベル付きのパックに入っていて、直接触れることはできない。農家が経営する直売店は、レンヌ市近郊の小規模な有機農家たちが編み出した独自の販売方法なので、少し説明を加えよう。

　今でこそ、生産が追いつかない有機農産物だが、それまではネットもなく、販路が限られていたので、有機農家は苦労していた。それが、自分たちで運営する直営店を生むというアイデアにつながった。アマップに先立つ1990年のことである。都市化で、近郊に点在する農場が潰されてしまわないように、そして有機農産物をより公正な価格で売れるように市のはずれにある農家を改造して、自力で直営店を開いたのである。農民が交代で店番をしている直営店は、野菜も果物も新鮮で質がよく、レンヌ市民には好評である。農家が交代で店番をするので営業日と時間が限られているが、場所は市をちょっと出たところに2か所ある。

　品目は問わず、できるだけ安く、安全な農産物を手に入れたいのであれば、ジャルダン・ドゥ・コカーニュ（Jardin de Cocagne）系列の社会復帰支援農園のパニエのメンバーになればよい。公の援助を受けている有機野菜のパニエなので、生産者の顔は見えないが、みごとな有機野菜を定期的に手に入れることができる。[注22]

　このように、有機農産物の流通はここ30年で、大きく変化した。有機農家が販路探しに窮していた時代から、消費者が有機農家探しに奔走する時代になったのである。

アマップの発展

　アマップの産消提携方式は、フランスの各地に伝播し、その数を伸ばし続けている。総数は、2015年に2000以上と推定されているが、アマップ連合に加入してないグループや、アマップとは異なるやり方の産直もあるので、産消提携の実数を把握するのはむずかしい。[注23]

　私の研究グループがブルターニュ地方で2006年9月におこなった調査^{（注24）}では、アマップやそれ以外の形を含めて産消提携グループの数は39で^{（注25）}あった。それが、2013年には、166（うちアマップ135）^{（注26）}となり、飛躍的に伸びている。

　有機農産物には需要があり、新規就農希望者もいる。パートナー農家を探している消費者たちもいる。にもかかわらず、大都市周辺ではグループづくりがむずしい。パリ市のあるイル・ドゥ・フランス地方でも、ブルターニュ地方でも、消費者グループがパートナー農民を待って待機リストに名前を連ねている。近郊に、野菜栽培に必要な農地がなかなか見つからないので、有機農家が就農できないのである。そんな状況が生まれるのは、フランスの農産物の流通システムに一因がある。

　各地の農産物は、パリのランジス（Rungis）にある卸市場に一極集中されていて、野菜を地産地消するという発想は、これまでなかったのである。イル・ドゥ・フランス地方の場合、穀類生産の大規模営農が主流で、野菜や果物の生産者は全体の9％にすぎない。^{（注27）}平均耕地面積が100haを超える地域で、5ha以下の圃場を探すのは困難である。大規模農園の経営者は農地を小分けにしない。小規模な家族営農の農家が高齢化で譲渡を考える場合もあるが、たいていは分与された子どもたちが地価の高騰を期待して所持し続けることが多く、就農希望者にはなかなか回ってこない。その対策として、パリのアマップ連合では、消費者グループが土地を共同購入して、それを新規就農者に委託するという構想を打ち出している。

　大型機械化農業を推進していたフランスの農業食料省も、環境問題がきっかけで農政が少し変化した。「地産地消の産直は、経費のかからない、持続的発展」と、2009年の5月、省内に研究プロジェクトが立ち上げられたのである。^{（注28）}アマップ連合の宣伝には、追い風となる展開だ。パリ14区のアマップ「テルモピレスの子ウサギたち」の会長のデュオント氏は、イル・ドゥ・フランス地方のアマップ連合事務局の代表として、この研究プロジェクトに参加している。ヴュィヨン夫妻もアマップの創

始者として参加している。

アマップの二つの流れ

　農園のアマップ産直が軌道に乗ったヴュィヨン夫妻は、2007年にクレアマップ（CREAMAP：フランスＡＭＡＰ普及リソースセンター）というネットワークを立ち上げている。それは、アマップを始めたい農民にアドバイスをしたり、ノウハウを伝えたりするためである。移動の費用は呼ぶ側の負担で、夫妻は声がかかれば、立ち上げ支援にかけつける。そのさい、「忘れてはならないのは、日本の母たちの提携運動の話とアマップ1号の誕生の話」をすることだという。クレアマップは、南フランスのプロヴァンスを主体に、普及活動を海外にまで広げている。

　アマップの発展は、もう一つの流れを生み出している。デュオント氏をはじめとするパリ周辺地区のアマップ会員たちが構想を練った横のネットワークの形成である。新規就農者や、市民活動家が多いこの地区では、アマップを、食を基点により公正で環境に配慮のある社会の実現をめざす運動と捉えている。アマップのネットワークをフランス全土に広げ、そのうねりで国政に働きかけようというのである。遺伝子組み換えの作物や農薬の使用禁止をはじめ、環境を保全して、安全な農産物の地産地消を推進するには、国を動かす必要があるからだ。そのために立ち上げられたのが、アマップグループ間の地域協議会であり、さらに地域を統括する地域間の連合組織である。こうして2010年にミラマップ（MIRAMA　P：アマップ連合連絡協議会）が結成された。ミラマップはまだ、フランス全土を統括しているわけではないが、イル・ドゥ・フランス地方を中心に組織化が進められている。各アマップからの拠出金でまかなわれているミラマップの事務局は、アマップのコンセプトを短い宣伝ビデオにして、より多くの消費者の理解を得ようと努力している。ネット基金方式で資金を集め、漫画でアマップの宣伝をする企画も進行中である。

　ミラマップが重視するのは、民主的な合議を経てアマップを発展させ

ていくことである。結成される背景には、ヴュイヨン夫妻が認証制を掲げてグループを管理する縦構造への疑問があった。元祖は見習うべきモデルではあっても、それが唯一絶対であるとはいえない。ミラマップのメンバーたちは、より民主的に、討論を積み上げて、運動の発展を展望したいと考えた。ミラマップは、選挙で代表委員会を構成し、「アマップ憲章」の見直しをして、運動の方向性を新たに打ち出した。

　こうして「アマップ憲章」は、2014年に全面改訂されている。新しい「アマップ憲章」が提言するのは、公正で環境に配慮のある地域の農業の維持発展であり、市民が食に責任をもち、農民に連帯して地元の公正な経済活動を支えることである。創始者ヴィヨン夫妻の主導で作成された憲章は、アマップを名乗るグループの正当性の保証に焦点が合わせられていた。改定後は、より大きいビジョンに立った規範になっている。

　ドゥニーズ夫人は元祖の意義を主張して、横の連携を強化しようとするミラマップ（アマップ連合連絡協議会）に対立し、しばらく主導権争いがあった。二つの流れは、亀裂を生むかと危惧されたが、論戦はあくまで論戦である。現在は、アマップをめぐるさまざまなサイトが開設されていて、それぞれの地区の事情に合わせた、いろいろな取り組みが展開されている。

　元祖が主導するクレアマップと、先鋭の活動家が集うミラマップは、両者がそれぞれの場で活動を展開している。ミラマップの先頭に立っていたデュオント氏も、パリを離れて、アンジェ市の近くにパーマカルチャーの農園を開いて新規就農し、薬草や野菜を栽培しながら、アマップ産直を始めている。

アマップの新しい方向性

　アマップを初めとする、産消の結びつきは、農産物を介した人の輪づくりである。輪の力を培うのは、他者を思いやる気持ちと、共通の目標に向かう個々の意識である。人が集まってつくる運動なら、輪の中に波風が立つのはあたりまえだ。揺れ動き試行錯誤を繰り返す、人の生き様

と変わりはない。

　フランスの市民運動の原動力は、一人一人が、自発的に声を上げ、行動に責任をもつ姿勢である。共闘をする仲間に異論があれば、論議が繰り返される。地域の食と農に、市民として責任を持つ意思ある人々がいる限り、アマップの産消提携が廃れてしまうことはないだろう。

〔注〕
⑴日本の提携運動は、アマップをきっかけに広く知られるようになり、フランスではTEIKEIとして知られている。
⑵2013年の農家戸数は、個人と農事組合法人を合わせて約45万2000戸。（フランス農業食料省）。
⑶フィニステール県の42歳の独身の農夫。親から30haの農地を継いだが、借金のかたに抵当にとられ、家を明け渡す前日に放火自殺（Ouest-France紙）。2012年にブルターニュ地方で記録されている農民の自殺者数は822人（男623人、女199人）で、平均を65％も上回っている。
⑷アマップの立ち上げに至る話は、ドゥニーズ・ヴュィヨン著のL'histoire de la première AMAP, Denise Vuillon, L'Harmattan, 2011　『アマップ第1号物語』　2011年、（アルマッタン社）を参照。
⑸ http://www.justfood.org
⑹2013年から2016年にかけて、有機農産物の需要は32％増（フランス農業食料省）。
⑺ATTACは1998年にフランスで生まれた市民運動の会、Association pour la Taxation des Transactions pour l'Aide aux Citoyensの略号。資本の投機的運用により、先進国と途上国の格差が拡大するのに抗議し、公正で、倫理のある世界を求めて活動を展開。
⑻2006年11月に発足した提携産直の「ひろこのパニエ」で、1年後に会を抜けたメンバーの挙げた理由がこれだった。農家出身で、農業大学で教えていて、自転車通勤をして、フェアトレードのリーダーで、でも、「僕の楽しみは、土曜日の青空市場で、好きなものを好きなように買うこと」と、彼はグループを退会。
⑼パニエ（panier）はフランス語で買い物に使う、カートやかごを意味するが、アマップが普及してからは、その中に入れる配布農産物を指す言葉としても使われている。
⑽2001年の春に決めた値段。円建ては2018年1月の換算を採用し、1ユーロは134円で計算。

⑾2003年5月制定の「AMAP憲章」を参照。

⑿フランスでは非営利活動を展開し、助成金を得たりする場合、まずその活動の母体となるアソシエーション（NPO）をつくり、県庁に登録して認可を得る。アマップ自体もこのアソシエーションである。

⒀ http://www.amap-france.fr。

⒁1998年に農民と研究者によってつくられた憲章で、創設母体は「農民連盟」（Confédération Paysanne）や農村振興活動の関係者グループで構成される「農村就業と就農促進のためのアソシエーション連盟」（FADEAR）。農民が農村で農業を持続していけるようにと、農のあるべき姿を10項目にまとめてある。参照:http://www.agriculturepaysanne.org

⒂プロヴァンス - アルプ - コートダジュール（Provence Alpes Côtes d'Azur）地方の頭文字をとってPACA地方と言う。

⒃参照文献：「有機農業の提唱」日本有機農業研究会　有機農業運動資料N1 1989年;L'histoire de la première AMAP, Denise Vuillon, L'Harmattan, 2011, 『アマップ第1号物語』ドゥニーズ・ヴュイヨン著　前掲書;Les AMAP：un nouveau pacte entre producteurs et consommateurs ? Claire Lamine, Yves Michel, 2008,『アマップ - 生産者と消費者の新しい契約か』クレール・ラミンヌ著　（イヴ・ミッシェル社）2008年;AMAP, Maud David-Leroy et Stéphane Girou, Dangles, 2009,『アマップ』　モード・ダヴィッド - ルロワ、ステファンヌ・ジルー共著（ダグラス社）2009年

⒄「三里塚ワンパック野菜」、「大地を守る会」、「使い捨て時代を考える会」の総会には会員として参加。また、名古屋の提携グループの新年総会に参加させてもらったことがあるが、生産者が30年も言えないでいた「来られる人は農園へ取りに来て」というお願いを、消費者が「そんなことならもっと早く言ってくれればいいのに」と言ったのを聞いて驚いた。生産者は遠慮して言えなかったそうだ。

⒅2006年9月に発足した「テルモピレスの子ウサギたち」というアマップ。

⒆がんの専門医、ベルポム（D. BELPOMME）氏の発言と2003年度の政府のレポートから。日本で公開されたジョード（J.P.Jaud）監督のドキュメンタリー映画「未来の食卓」にも、南フランスの農村の農薬禍や小児がんの現状が映し出されている。

⒇2016年の有機農業従事者数は3万1880人で、前年の10％増。有機圃場面積も2016年12月末に150万haに達する見込みで前年の20％増。有機農業の発展推進のための公的機関（Agence BIO）の調査。

㉑ブルターニュ地方の中心都市で、人口は32万人。

(22)1991年にブザンソン近郊で発足した有機農園のネットワーク。長期失業や貧困などで、社会からはみ出してしまった人たちを、農作業を通して、自然のリズムを回復させ、社会復帰を助ける目的をもつ。園では、有機野菜を栽培し、それを毎週、パニエにして契約者に分配。有機野菜は収益を上げることを目的に栽培されているわけではなく、困窮者支援施設として、公的機関から援助を受けている。

(23) http://www.miramap.org

(24)レンヌ大学で私が主宰した研究プログラム（2004年－2008年）「ブルターニュと日本の比較分析研究―農産物、畜産製品の産直ネットとそれを基盤とした都市と農村の相互交流―人間的で持続性のある村おこしのあり方とは何か」。

(25)H. Amemiya (dir.), L'Agriculture participative.PUR, 2007.p. 189 『分かち合う農業』雨宮裕子編著、レンヌ大学出版局、2007年、p.189

(26)ブルターニュ地方農村農業振興支援センター（FRCIVAM Bretagne）の、ブルターニュ地方における「食をめぐる産直」の調査結果（2013年）。http://www.reseaurural.fr/region/bretagne

(27)Agreste Île-de-France, 2009年5月号（フランス農業食料省）

(28)国立農業研究所（INRA）の研究者ユナ・シフォロー（Yuna CHIFFOLEAU）をまとめ役に各地の産直グループのリーダーや研究者が集合。

(29)フランスアマップ普及リソースセンター CREAMAP（Centre de Ressources pour l'Essaimage DES AMAP en France）

(30)L'histoire de la première AMAP, Denise Vuillon,『アマップ第1号物語』ドゥニーズ・ヴュィヨン前掲書、p.120

(31)アマップ連合連絡協議会MIRAMAP（Mouvement inter régional DES AMAP）

食から社会的活動まで模索する
イタリアの GAS

農的社会デザイン研究所　蔦谷栄一

GAS の流れと現況

　イタリアでのGASは、1994年にスタートしたとされる。パルマのす
ぐ北、エミリア・ロマーニャ州のフィデンツァで、マウロ・セルベンタ
氏を中心とする消費者グループが「生産者から、汚染のない農産物、食
品を直接買いたい」ということで、フィデンツァ周辺の農業者や食品加
工業者と連帯しての購入を開始したものである。

　GAS（Gruppo diiAcquisto Solidale）は直訳すれば「連帯購買グルー
プ」となる。取り組み内容はグループによって多様であるが、基本的に
は消費者が20戸から30戸集まってグループ化し、特定の生産者などと連
携することにより、安全・安心な農産物を確保するとともに、その見返
りとして再生産が可能な価格で支払いをおこなうもので、生産者は消費
者のニーズに対応して有機栽培などによって生産することを義務づけら
れる。

　GASは教会や政党、住民などのリードによって設けられてきたが、
近年増加が著しく、直近では1000、登録していないものも含めれば2000
近くに達していると見られている。

　まず、消費者がグループ化したうえで生産者との連携を模索するかた

ちをとっており、それぞれのGASは複数の生産者や加工業者などと取り引きしているものが多く、したがって生産者なども複数のGASに農産物などを供給しているものが多い。アメリカのCSAのように生産者を中心に消費者が集まって連携していくのとは異なって、消費者主導型という特徴を有している。また、代金の先払いの導入は一部でおこなわれてはいるものの、イタリアでは一般的に決済期間が長いことからこれを短縮するかたちで生産者にアドバンテージを与えているGASが多い。

さらにきわめてイタリアらしいともいえるが、グループの会員数がある程度増加すると細胞分裂のように新たなグループをつくるものがほとんどで、20名から30名程度までの小規模グループによる活動がほとんどである。それだけにGASによって取り組み内容は多様であり、個性的な活動を展開しているともいえる。

ミラノの GAS 「一本のわら」

GASはイタリア北部に多く、ミラノだけで150ものGASがあるが、その一つ「一本のわら」を取り上げてみよう。「一本のわら」というGASの名前は、知る人ぞ知る日本の自然農法家・故福岡正信氏の著書『わら一本の革命』からとったものである。

蛇足になるが、今回（2012年）ヒアリングをおこなった生産者・消費者など5人のうち3人から「マサノブ・フクオカ」の名前が出るとともに、二人はフィレンツェなどでの福岡氏の講演を聞きに出かけており、これまでイタリアに何回も足を運んできての経験（拙著『オーガニックなイタリア　農村見聞録』参照）をも重ねてみると、イタリアでもっともよく知られている日本人の一人はまちがいなく福岡正信氏であり、逆に日本であまりに知られていないことが不思議でもある。この「一本のわら」は1999年10月に立ち上げており、現在の会員数は88で、会員の家族をトータルすると約200名となる。

「一本のわら」は有機栽培、もしくはバイオダイナミック農業により栽

培していること、そして小規模農業を守っていくことを明確にしている。また、リーダーであるマウロ氏によれば、戦後の「たくさん、そして安く」という消費主義は多くの問題を発生させ、生産者を疲弊させてきた。したがって「消費のかたちを変えていく」ことが不可欠であり、食べ方、食材を変えていくことはもちろんであるが、自治体や社会的協同組合などとも接触し、結びつきを強めながら文化・政治・経済・社会をトータルで変えていかなければならないとしており、社会運動的な側面を重視した展開を志向している。

　ここで扱っているのは、パスタ、オリーブオイル、チーズ、ハチミツ、肉、野菜、果物、魚、洗剤などと多様で、主食がパスタであることからして乾物のウェイトが高くなるのは当然で、これに野菜、肉、魚などの生鮮物、さらに洗剤などの生活用品等の雑貨が加えられている。

　取り引きしている小規模生産者は、約30。フードマイルズ（日本ではフードマイレージ）ゼロkmを理想としており、地産地消を心がけているが、オレンジはシチリア島から持ってこざるをえないこと、一部にはマルケ州などの生産者もいることなどから遠隔地との取り引きもおこなってはいるが、こうした遠隔地との取り引きはできるだけまとめて供給・購入することにより、取り引き頻度を少なくして対応している。生鮮物は生産者から直で購入するが、パスタなどについては食品加工業者から購入し、食品加工業者を通じて生産者を支援することになる。価格は基本的に再生産を可能にする価格に適正な利潤を上乗せして設定されるが、このために生産者などにデータなどの経営内容を公開してもらいながら協議をし決定される。

「一本のわら」は、マウロ氏の自宅そばにある一室を無料で借り受けて事務所兼作業場として使用しており、会員は毎週火曜日と木曜日の午後6時半以降、ここにあらかじめ注文しておいたものを引き取りにくる。このため、生産者などは当日の午後2時までに農産物などを届け、当番になった会員が2時から6時半までの間に会員ごとにオーダーのあった農産物などを袋詰めすることになる。

なお、扱い商品はパスタ、野菜、魚、チーズなどに分類され、それぞれの分類ごとに責任者が設けられている。また、会員は月曜日に生産者から送られてくる今週の出荷予定と値段を見てインターネットによってオーダーするが、オーダーは分類ごとに仕分けされて責任者に連絡され、責任者は会員ごとの個別明細をつけて生産者へオーダーするとともに、支払いをも受け持っている。会員は袋詰めされた農産物などを事務所に引き取りに行ったさいに、代金を現金、もしくは小切手で払う。イタリアでは一般的に決済は３か月以内におこなわれるのが普通である。「一本のわら」の場合、一部先払いしているものもあるが、生産者は納品した次の納品日に代金を受け取ることを基本としている。

当番、責任者の活動はボランティア

　会員の当番、あるいは責任者としての活動はすべてボランティアでおこなわれており、対価は支払われない。また、会員は代金の支払いとは別途に、50ユーロ/年の会費納入が義務づけられている。会費は作業場の電気代や事務にかかる経費などに充当されており、余剰が出た場合には小規模生産者への支援などに当てられる。

　「一本のわら」の年間取扱高は約20万ユーロであるが、会員数の88で単純に割ってみると１会員当たりの年間購入額は2272ユーロで、１ユーロ100円として22・7万円となる。会員が年間で購入する食料品に洗剤を加えた購入金額の割合では、約70%から80%を占めることになるのではないかとしている。

　なお、生産者の収穫などの手伝いをしている会員も少なくないが、援農を義務づけてはいない。ただし、生産者などとの交流は頻繁におこなっており、会員が農場に足を運んで生産事情を勉強し、そのおりに生産者に代わって農産物などをミラノまで運んだり、また、生産者もイベントなどに参画して農業や生産状況などについて話をするなどしている。

　ここで特記しておきたいのが、インテルGASの存在である。ミラノにある150のGASのうち20が参画してネットワークでつなげているものである。例えば魚を購入する場合、一つのGASだけで対応することはむずかしいことから、共同して発注・購入したり、濃密な連携を続け信頼関係が確立している生産者については、これに登録することによって第三者認証なしで有機栽培であることを相互に認めるなどに活用されている。

有機農業が盛んなマルケ州の生産現場

　「一本のわら」のリーダーであるマウロさん、マリアさんご夫婦が、マルケ州の生産農家であるパオロさんの農場を訪問して生産現場の状況を確認しに行くというので、著者も車に同乗させてもらった。マルケ州はローマとほぼ同じ緯度ではあるが、反対のアドリア海側にあり、ジーノ・ジロロモーニ氏などの先駆者の働きによってイタリアでも有機農業がもっとも盛んな地域となっている。パオロさんはそのマルケ州の山深くで営農しており、ミラノから約500km、高速道路を利用して車で4時間以上を要するところにいる。

　まさに山間の条件不利地域であり、経営規模は10haで、豆類、ニンニク、タマネギをはじめとする各種野菜、ブドウ、リンゴなど果樹、羊・豚・鶏などの家畜といった具合に、まさに多品種少量生産をおこなっている。ただし、地理的に不利な条件に置かれていることから販売は豆類にニンニクなども含めた乾物が中心で、生鮮物は主に自家消費用に栽培している。パオロさんと奥さんの二人が主たる労働力となっているが、食事と寝る場所を提供すれば無料で援農してくれる国際援農組織からの派遣を受け入れており、著者が訪れたさいにはドイツから若者1カップルが畑で野菜の苗の植えつけ作業をおこなっていた。

　パオロさんはお父さんが工員、お母さんが教員であったが、農業に関心があって農業学校を卒業。1980年に学校を出て種をつくる会社に勤め

農場で作柄などを確認する一本のわらのマウロさん（右）とマリアさん夫婦

たものの、種を化学的に処理することに畏怖を感じて退社。父からの遺産を使って役場の紹介のあったこの地を88年に購入して農業を開始。「土に触れることが楽しみ」「土こそが先生」を信条に、在来種を極力生産していくと同時に、有機栽培に徹底的にこだわって生産してきた。

　マウロさんとは20年以上前にたまたま会った学友とのつながりで知り合ったもので、パオロさんの「ぜひ一度、自分の農場を見てほしい」との誘いにマウロさんは「必ず行く」と反応。これにたいしてパオロさんは「自分の農場に来ると言って来た人は誰もいない」と混ぜ返したところ、マウロさんは意地も含めて農場を訪問。以来、マウロさんもこの農場が気に入るとともに、すっかり意気投合して家族ぐるみでの付き合いを続けてきた。さらに40年間勤めてきた銀行を退職したマウロさんは、パオロさんの農場に近い耕作放棄地を購入し、いずれはここでパオロさんの隣組になって農業をやるつもりでいる。

　パオロさんが生産しているもののうち、GASに供給しているのは約25%で、その主となっているのは地元のGASで、それ以外はインテルG

ASでつながっているミラノのGASに供給している。その他の75%は地元市場で販売しているが、パオロさんが出荷するときには幅4mの専用の棚が用意されるそうで、もっぱら買っていくのは人間関係もしっかりできた固定客がほとんど。こうしたやり方での販売が23年間も続けられている。GASはもちろんのこと、ほとんどの生産物は顔の見える関係にある消費者に供給されている。

　そのパオロさんの経営の中身であるが、農畜産物の売上高は2.5万ユーロ、これにかかる経費を差し引いての農業所得は1万ユーロ、これにEUなどからの補助金0・4万ユーロを加えて総所得は1・4万ユーロ（2011年11月末現在、1ユーロ107円換算で約150万円）にすぎないという。補助金なくしては農業経営は成り立たないが、限界部分をカバーして再生産を可能にしてくれているのがGASである。そしてなによりも小規模経営による有機農業や在来種による生産を評価してくれているのが自分のやりがい、生きがいにつながっているとして、GASには高い信頼を置いている。

　パオロさんは、小中学生にたいする食農教育にも熱心に取り組んでいるが、地域での「お金を使わない運動」をも展開している。例えば自分ではつくっていないワインやオリーブオイルなどを、子羊1頭で10ℓのワイン7本、小麦500kgでオリーブオイル30ℓの割合で物々交換するという。所得が少なくても、物々交換で必要なものは手に入れることができる世界を少しでも広げようとする動きには大いに注目しておきたい。

消費者重視を貫いてきたIRIS

　イタリアの主食は、スパゲティ、マカロニ、ニョッキなどのパスタ類で、小麦を粉にひいて加工されることから、農業者は協同組合をつくってここでパスタを加工している者も多い。ここではパルマから北に電車に乗って30分強走ったピアデナにあるIRISを紹介する。

　IRISは組合員が現在36人という、1978年に設立された農協である。現

在、IRISの組合長を務めるマウリツィオ氏のお父さんをはじめ、組合員はいずれも農地を持たない貧しい小作人がほとんどであったが、「土で仕事をしたい」という情熱にかけては誰にも負けない者ばかりで、マウリツィオ氏も父から「金はなくても、自然のすばらしさを教えられて育った」という。

マウリツィオ氏が23歳のときにIRISを立ち上げ、そのときに①有機栽培、もしくはバイオダイナミック農業による栽培に取り組む、②地元に就労機会、特に女性の就労機会を創出する、③消費者との直接的な関係を形成していく、④経営の成果は個人の所有とはしない、という四つの理念を掲げている。

当初、野菜や果物、穀類等を生産していたが、90年に消費者と連携した活動を本格的に開始している。すなわち消費者から農協が資金提供を受け、これで農地を購入し、農協所有というかたちで、組合員は初めて自分たちの農地を耕作するようになったという。提供を受けた資金にたいして、現在では利息を支払うとともにパスタを送っている。パスタ工場は潰れかけたものを買い取って再生させ、2000年から有機パスタ工場として稼働させたものである。

この消費者重視に取り組んでいるIRISに、1994年、マウロ・セルベンタ氏が会合を呼びかけたことがきっかけとなって、「生産者から汚染のないものを直接購入したい」という消費者の要望に対応した取り組みとして、生産者と消費者とが連携しての購入を開始したのがイタリアにおけるGASのスタートであったという。

ともすれば生産者は世の流れに追い込まれて悪循環を繰り返し、さらに悪循環を大きくしがちであるが、GASによって消費者があってほしいと描く農業に取り組み、好循環を回復させていくことは"土地を救うこと"でもあるとしてGASへの取り組みには力を入れてきた。IRISが誇りにしている一つは、原料は国産100%で、かつすべて有機栽培であるということであるが、循環を取り戻し、持続させていくという意味では国産100%、有機栽培は当然のことであるといえるかもしれない。

　生産者のなかにはじゅうぶんな認識を持ちえない人もいないわけではないが、GASを通じて食べ物を軸にして、空気、水、土、生命、「知ること」という五つの公共資産を消費者と共有していくことによって、健全な地域経済が形成されていく可能性が生み出されてくる、とマウリツィオ氏は強調する。

　IRISは野菜、果物、パスタ等を生産（製造）・販売しているが、GASとの取り引きは全体の25%で、その割合は年々増加している。IRISのすごいのは量販店との取り引きは原則としてしないところにもある。したがって残りは小売店、有機専門店などへの販売のほか、信頼できる先からのパスタの委託生産が主となっている。なお、10%は輸出が占めており、イギリスの大手量販店スーマとの取り引きは例外的におこなっているが、これについてはあくまで個別の製品それぞれにIRISが製造者であることだけではなく、IRISのこだわりをしっかりと見えるように表示することを条件化している。

　GASに供給するものについての価格設定は、質がいいから高くて当然ということではなく、あくまで適正価格で対応していくことを基本的考えとしており、結果的には他の販売先に比べていちばん安い価格で供給することにつながっているという。中間流通を省略することによって流通経費が圧縮される一方で、農業者の再生産を可能にする価格での原料穀物の買い入れ、パスタ工場労働者への適正賃金の支払いを織り込んでの結果である。

　ところが、IRISにとっても量販店に販売する場合と比べれば2.5倍の利益が出る計算となり、GASとの取り引きはGASだけでなく農業者、工場労働者、これにIRISも加えて「すべての当事者にとって大きな経済的メリットをもたらしている」という話には驚きを禁じえない。

　なお、GASからのオーダーはインターネットでおこなってもらい、商品は15日以内に到着させ、支払いは到着後10日以内としている。請求書には商品のコスト明細、運送経費等が細かく明示され、コストはすべてオープンにされている。

地域経済の新たな柱の形成へ

このようにGASは、CSAやAMAPなどと並べて語られることが多いものの、内容的には消費者主導型で小規模、かつボランティアベースで運営がなされているという特徴をもっている。

GASは近年増加が著しいが、今後とも増加を続けるという見方がある一方で、すでにピークにきているとの見方をする者も少なくない。すなわち受発注から袋詰め、代金決済まですべてがボランティアによっておこなわれており、ある程度以上の時間的余裕と能力を持った人でないと会員になりがたいこと、また、しっかりとしたリーダーなくしては運営がむずかしいことなどがその理由として挙げられている。

こうした見方にたいして、行き過ぎた消費主義がもたらしている弊害にうんざりしている消費者は多く、これを排除していくためには生産者と消費者との距離を短縮させていくことが必須の条件となっており、このためにはGASに参画していこうという流れはさらに強まるとの見方も多い。

また、ミラノの「一本のわら」のように「消費のかたちを変える」ことが必要であり、したがって活動を食べ物から社会的活動にまで広げていこうとするGASがある一方で、あくまで活動を食べ物、有機食品に限定しようとするGASもある。GASの方向性については、分化した動きにある。

ここで注目しておきたいのが、DES（Distretto dii Economia Slidale、直訳すれば「地域経済連携」）の存在である。DESは、まだ試行的存在にすぎないとの見方もある。しかしながら、マルケ州のパスタ製造を主とする農協 LaaTerra eeil Cielo（「大地と空」）の組合長ブルーノ・セバスチアネッリ氏によれば、マルケ州では2007年ごろからいくつかの地域がいっしょになってのDESが活動を開始しており、GASを包含するようなかたちで広がっているという。

　すなわちGASでは有機食品を挟んで生産者と消費者とが連携しての活動を展開しているが、これをも踏まえて「汚染しない、汚染させない生産者・消費者」であるためには、生産者と消費者は食べ物にとどまらず靴、セーターをはじめとする生活に必要なものすべてを挟んで地域ぐるみで取り組んでいくことが必要であるとして、さまざまな生活必需品をＤＥＳを通じて物々交換している（先のパオロ氏もこの活動の一環として物々交換している可能性がある）。

　まさに「お金を排除する運動」として展開されているわけで、その背後にあるのがユーロ危機、財政危機であり、機能不全に陥っている政治であり、さらには「大量生産・大量消費を前提とした消費主義、資本主義」の存在である。

　こうしたなかで悲観主義に陥ることなく、崩壊する前に、いや崩壊させないために、生産者と消費者が連携し、みずからが主体となって、自治体、社会的協同組合などとも連帯しながら、マクロの仕組みに対抗するローカルな仕組みが求められているという。先に触れたように分化するきらいがあるとはいえ、GASはDESとも次第に融合しながら地域経済の新たな柱を形成しようとしているともいえる。IRISの組合長マウリツィオ氏が指摘するように、DESがどのようなタイプの生活で、どのようなレベルをめざそうとしているのか必ずしも明確になってはいないことはそのとおりであろうが、DESがきわめて貴重で注目すべき運動であることは間違いない。

　　（本稿は自著『共生と提携のコミュニティ農業へ』（創森社、2013年）所収のものを再録。一部を加筆修正。登場人物の肩書きは当時のもの）

資料　ヨーロッパ CSA 宣言

　欧州では地域全体でも CSA の活動を続けており、これまで『ヨーロッパの CSA の概要』（2016年）を発表。3 回目のチェコ・オストラバの集会（2016年9月）では『ヨーロッパ CSA 運動ミーティング報告』を著している。また、この集会では「ヨーロッパ CSA 宣言」を採択し、いっそうの CSA の普及、拡大を呼びかけている。参考までに日本有機農業研究会の訳による「ヨーロッパ CSA 宣言」の全文を紹介する。

ヨーロッパ CSA 宣言 European CSA Declaration

前文

　私たちは、自らの食料の生産から分配、消費にわたるフードシステムを自らの手に取り戻そうと、ヨーロッパ中から集った。私たちは、そのしくみづくりを地域コミュニティを中心に据えたものとして行っている。私たちは力を合わせ、自らの食料及び農業のあり方を自らが決める権利、すなわち食料主権を確立しよう。

　今こそまさに、工業的フードシステムの破滅的影響に対処すべき時だ。食料は単なる商品として扱うべきものではなく、もっと重要なものだ。CSA(Community Supported Agriculture 地域支援型農業) 運動は、食料のこうした危機に対して、実践的で、包括的な解決策を提示している。私たちは多くの、多様な仲間の連携である。このつながりを連帯へと高め、すべての人に開かれた、経営的に存続可能で、環境面でも持続可能な食料システムを構築する義務を果たそう。

　何百、何千というヨーロッパの人々が共通の理念に基づいたさまざまな実践や取組み、ネットワークによって、CSA が有用であることをすでに証明している。

　この宣言のねらいは、すでにある国や地域レベルの CSA 憲章やこれ

までの経験を踏まえ、CSA運動を花開かせる共通の基盤をつくりだすことにある。

CSAの定義

CSA（地域支援型農業）とは、人々と生産者（個人・複数）との間の人間的な関係に基礎を置いた直接的なつながりであり、長期間にわたる取決めを通して農業生産に係るリスクや責任、そして農の恵みを共に分かち合うことである。

CSAの指針となる原則

CSAは固定したモデルではない。農園のようにダイナミックであり、日々の取組みを通して深化し成長する。個々のCSAの提携関係は、自主的に運営される。

同時に私たちは、CSA運動を推進するための共通の基盤として次のような基本原則を定めた。

- 土壌、水、種子、及びその他のコモンズ（共有の資源）に対する責任を持った取扱い。これは、本宣言および、2015年のニュレニ宣言（ルーマニアで開催されたニュレニ・ヨーロッパ食料主権フォーラムで採択）にもあるように、アグロエコロジーの原則と実践に基づく
- 食べものは共有の財であり、商品ではない
- 身の丈にあった規模の生産。それはローカルな地域の実体と叡智に根ざす
- 公正な労働環境と生活を保障する報酬を関係するすべての人々が得られるようにする
- 環境及び動物福祉の尊重
- 新鮮で、地場で生産された、旬の、健康に良い多様な食べものをすべての人々が得られるようにする
- 責任、リスク、恵みを分かち合う人と人の直接的で長期にわたる関係からなる地域コミュニティづくり

- 信頼、理解と尊敬、透明性と協働に基づく積極的な参加
- 領域を超えた互助と連帯

構築─発展─エンパワー（力をつけること）

　私たちは、ヨーロッパ中のCSAやCSAネットワークのより強い連合をつくりたい。

- CSA運動を強化し、新規のCSAが育ち栄えるために
- 各国のCSAの間で知識や技術を共有するために
- 農場やCSAネットワークについての参加型の研究を実施推進するために
- 人々に力や教育を与え、行動を促し運動を推進するために
- 社会全体へ向け、CSAの効用を示すために
- 国際、ヨーロッパ、地域レベルにおいてCSAコミュニティへの支持を広げ私たちの原則を実行するために
- 地域の食料の統治（ガバナンス）に参画するために
- 食料主権の運動と連携して活動し、社会的・連帯経済の運動との連携を強化するために

　私たちの活動は草の根の運動であり、CSAの力は、実践的な日常行為と、人と人との顔の見える関係にあると確信している。私たちは相互につながり、地域の生産者と連携し、そして足元にある生きている土壌とつながっている。

　この宣言こそが、私たちの共有地であり共通の基盤である。

〔注〕
①日本有機農業研究会訳（2019年6月改訂）。訳者は久保田裕子・近藤和美
②全文の用字用語は、原則として翻訳原文のまま
③英字原文は下記にて参照
　https://urgenci.net/wp-content/uploads/2016/09/European-CSA-Declaration_final-1.pdf

第3章

Community
Supported
Agriculture

日本での CSA の
事例と特徴

収穫体験などによる交流会（茨城県・つくば飯野農園）

コミュニティをつくりだす なないろ畑農場

なないろ畑　片柳義春

なないろ畑の目標はエコロジー型社会

　なないろ畑は、21世紀エコロジー型社会をつくりだすことを目標としている農場である。エコロジー型社会をつくりだすためには、まず一次産業を立て直し、持続的かつ循環型の経済を構築することが必要である。なないろ畑の使命は、その核となる有機栽培農場を都市のなかに実験的につくり、人々に「見える化」することである。

　私はその実験農場で食料・医療・燃料の三つの「リョウ」を自給することが重要だと考える。このうち食料は当然のこととして、燃料は、薪ストーブの利用。これは灰がカリやカルシウム、ミネラルの補給になる。バイオディーゼル燃料の利用。それに井戸の揚水用に太陽光パネル発電。そして医療としては薬草、ハーブの栽培と園芸療法的な農場の利用。このような感じでイメージしている。

　実はあとから気がついたのであるが、FOOD・ENERGY・CAREのFEC共同体をつくりだそうという評論家の内橋克人さんの提言とまったく同じである。

　ソフト面でも、農場の運営方法としてワーカーズコープ（労働者協同組合）方式を当初から考えていたが、ここに来て地域通貨を使い、よう

やく実現する方法を編み出した。

　結局これは、なないろ畑は形式的には株式会社だが、生活協同組合、農業協同組合、労働者協同組合、信用協同組合をミックスした新しい協同組合のあり方を模索していくことになるのだろうと思う。

地域通貨から出発

　なないろ畑は他の農場と異なり最初からグループ志向だった。このようなあり方は、どこに由来しているのであろうか。それはこの農場が、地域通貨の市民活動から生まれてきたことにある。1997年に世界を混乱に陥れた「世界通貨危機」で、私たちは、国際金融資本による横暴に晒された。実体経済から離れたところのマネーゲームに私たちの生活が翻弄されることに、大きな不安と激しい憤りを覚えた。

　当時ＮＨＫは、「エンデの遺言」という番組を放送し、そのなかに登場する地域通貨が国内で知れ渡るようになると、爆発的な地域通貨ブームが巻き起こった。円やドルといった、マネーゲームの対象となる通貨とは異なる、地域主義的なオルタナティブなものとして、地域通貨が日本じゅうで発行されたのである。なないろ畑の母体となったのも、そのなかの一つの地域通貨である。その地域通貨のグループが中心になって野菜をつくろうとしたのが、「とらぬ狸の芋畑農場」である。

　耕作放棄地対策として始まったばかりの神奈川県のホーム・ファーマー制度を利用して、サツマイモをみんなで栽培することになった。栽培のために費やした時間にたいして「とらぬ狸の芋債券」という時間債券を発行して、収穫したサツマイモを労働時間に応じて配分することにした。こうして「とらたぬ農場」が始まり、11月に大豊作のサツマイモを収穫、続いてモチキビも収穫した。肥料としての米糠代とサツマイモの苗代分を差し引いた残りを労働時間の総和で割り、１労働時間分のサツマイモの配当量が計算され、各自に配分された。この成功により気をよくした地域通貨グループはさらに野心的になっていった。

地域通貨ブームの終焉と農地法の壁

　ところが、ここに来て大きな壁にぶち当たった。神奈川県は2年目のホーム・ファーマーのための用地を確保できなかったのである。そこで独自に農地を探すことになった。

　ここで明らかになってきたのが「農地法」の厚い壁であった。農家でないと農地を買うことも借りることもできないので、まず地域通貨のメンバーの誰かが農家になる必要があるのだった。そのメンバーは私しかいなかった。若いころ、高校生から大学生の時代に5年間もニワトリや山羊を飼い有機野菜の生産をしていたし、やはり40歳から5年間もオーガニックの花苗づくりをしていた私しかいないのであった。この人身御供的な状況は、現在ただいまも変わっていないのであるが、もとはといえば、農地利用資格のハードルをきわめて高く設定している農地法に問題があるのであって、法律が現実についていけないのである。

　さらに私たちの状況を悪くしたことは、あっという間に地域通貨のブームは過ぎ去ってしまったことである。本当に日本人の悪い癖であり、実に熱しやすく冷めやすい薄っぺらな国民である。地域通貨のブームとその破局による混乱は大和市も例外ではなく、市が運営した大和市の地域通貨「LOVES」も破綻し、その混乱の余波で私たちの地域通貨運動も駄目になり、その地域通貨をベースにした農場づくりも終わることになった。

農場の立ち上げと会員制農場への移行

　その混乱後も、なんとか農地を借りて、一矢を報いたいと思っていた私は、知人のつてで、自宅から車で5分ほどのところに市街化区域内の10 a の植木畑の跡地を借りることができた。これがなないろ畑の出発点で、なないろ畑のつきみ野農場（圃場）である。なないろ畑という名前の由来は、この畑の脇に細い鎌倉古道が通っていて、近所の人の散歩道

とらたぬ農場で収穫したサツマイモ

になっていた。散歩に来たおばあさんが、私の畑を見て、「アアこりゃ、なないろ畑だねぇ」と言うので、「おばさん、なないろ畑ってなに？」と尋ねたところ、小さな畑にいろいろな作物をちょっとずつ植えている畑のことをこの辺の人が「なないろ畑」と呼ぶことを教えてもらった。本当に綺麗な大和言葉だと思い、そのまま私の畑を「なないろ畑」という名称にしたのである。

　私は「とらたぬ農場」を運営する一方で神奈川県の県立農業アカデミーの中高年新規就農コースに通ったり、神奈川県鎌倉市の大平農園で実地研修を受け、ようやく神奈川県の認定就農者という資格を受けることができた。幸いにも神奈川県の農業公社から綾瀬市内に44aの農地を借りることができて、つきみ野農場に加えて農地を本格的に増やすことができるようになった。

　地域通貨ブームが過ぎ去り、地域通貨のコミュニティが失われてしまったので、農産物の販路は自然食品店4店舗からスタートした。新規就農者のよくあるパターンである。

なないろ畑を始めてしばらくすると、近くの生協の組合員さんたちがなないろ畑にやってきた。生協のお店で販売されていた「有機野菜」がインチキだったということが発覚して大騒ぎになり、本当の有機栽培の野菜を探していくうちになないろ畑にたどり着いた。

　この消費者との直接的な出会いが、CSAの出発点となった。私は自然食品店への出荷が忙しいので、主婦のグループに余った畑の野菜を、自分たちで収穫して、あとで収穫量を報告し、計算して支払ってもらうことになった。こうして会員制農場がスタート。この話を聞きつけて、消費者がどんどん集まってきた。最初は同じ生協の組合員たちであったが、次第に口コミで聞きつけた人が増えてきた。最初の半年で5人が20人へ、次の半年で40人に、さらにそのあと半年で60人に増えていった。

　農場に集まってくる消費者にも変化が現れてきた。これまで一度も収穫作業をしたことのない都会人にとって、この収穫作業は実に楽しい作業となった。特に大きな変化は中心的に収穫や出荷の作業を担うような農場のファンが生まれてきて、それがいわゆる農場のコアメンバーとなって、新しい会員たちの指導も始めたのである。しだいに出荷作業が終わるとマカナイ飯をつくる人も現れてきて、昼ごはんも農場で食べられるようになった。

　また、収穫物の少ないときには、みんなが手づくり品を持ち寄り、小さなマルシェまで開かれるようになってきた。さらに自然発生的にＢＢＱの会なども開催されて、なないろ畑の原型ができあがってきたのである。その結果、2年目にして、自然食品店への出荷をやめ、会員制農場に移行することとなった。

CSA 農場の試み

　ここで新たな問題が発生した。生協の組合員たちだけなら、まとまっていて、グループのリーダーもいて非常に楽だったのが、多様な人が入ってくると、経理がまず混乱を始めた。当時はその日に穫れた野菜の

金額を合計していく積算方式だった。そのため同じ週でも出荷日によって金額が違うことはあたりまえだった。

　出荷は毎週月曜日と木曜日２回だったのだが、例えば月曜日は雨が降っていてトマトなど値の張るものの収穫量が少なく一人あたりの野菜セットが1350円。しかし木曜日は晴天が続き、収穫量が増えて1800円になる。このように積算方式だと変動が激しいうえに、なかには今週は月曜日に野菜を取りにこられないので、今週に限り野菜は木曜日に受け取るという会員も出てくる。こうした経理の煩雑さが私を苦しめるようになり、野菜代金を回収し損ねることがしばしば起こるようになった。

　そんなときに農業雑誌に載っていたアメリカのCSAの紹介記事を読んだのである。１シーズンまたは１年間を定額で契約し、会員に旬の野菜お任せセットを定期的に出荷する代わりに、その会費を前払いで受け取るシステムだ。これは経理を楽にすると思い、さっそくコアメンバーと話し合い、農場に必要な予算を考え会費を設定したのだ。積算方式はなくなり、季節で野菜の量が変わろうとも一年というタームで農場に資金を提供するという考え方が徐々に根付いてきた。

いつの間にかトゥルー CSA に

　このようにして形式的にもCSA農場へと移行しつつあったある夏の日に、私たちは思いもかけない訪問者を迎えた。カリフォルニア大学に留学し、学内でCSA農場を運営していて、CSAをテーマに卒論を書こうとしていた日本人女性が来訪したのである。日本では珍しいCSA農場を見に来た彼女と話していると、「ここはトゥルーCSAです」と指摘を受けた。

　初めて聞く言葉なので、聞き返すと、アメリカではCSAの概念が広がりすぎて、ただの産直や自然食品のスーパーまでもがCSAを名乗り始めて、混乱している。そこで本来の消費者が参加して活動している農場をトゥルーCSA、つまり本来のCSAと呼んで区別しているという話

だった。気がついたら自分たちの農場は、試行錯誤の末にいつの間にかトゥルーCSAになっていたのだった。

　日本では、1970年代後半から湧き起こった有機農業運動のなかで「産消提携」と呼ばれる消費者と生産者の強い結びつきを大切にしてきた。私が学生時代に強く印象に残っていたのは、岩波映画の「汚れなき土に蒔け」というタイトルの映画だ。これは東京・世田谷区等々力の住宅街の中で有機農業を営む大平博四さんのドキュメンタリー映画である。この大平博四さんは、最初からトゥルーCSAを実現していた。若葉会という消費者団体をつくり、農作業や出荷の手伝いをしていた。

　こうした援農は、この有機農業ブームが一過性のブームとして終了したあとにも細々と続いていたのであるが、多くの有機栽培農場には、ほとんど消費者が来なくなり、単なる野菜セットの産直販売になっていった。都市型農業でも消費者が農場に来ないのに、地方の農場には誰が来るだろうか？　日本の有機農業は結局、その後低迷を続けて、消費者の支援はせいぜい有機農産物を買うことだけになってしまったのである。1980年代のバブル期には、「消費者は神様」というような新自由主義的な空気が広まり、消費者と生産者の関係はただの金銭的な薄っぺらなものになってしまった。

　ところが欧米では、有機農業が各国民の支持を取りつけ、安全な食物を生産するだけでなく、環境全体を守るためにも大いに役立つという理解のもとに、政府の助成をも引き出して、どんどん拡大して今日に至っている。そのなかにアメリカのCSA運動もあるわけで、点と点を結ぶような産消提携の枠を一歩超え、社会性を帯び、面的な広がりを見せるCSA運動が勃興してきたようにエリザベス・ヘンダーソンらの著作から感じている。

　私たちのなないろ畑も、バブル崩壊、世界通貨危機というカジノ経済のツケを払わされるのはもうゴメン。さらに農薬や添加物まみれの食品や遺伝子組み換えの食品があふれる状況にも辟易している状況のなかで、単なる安全な農作物の購入というだけでなく、より多くの消費者、

市民が連帯して、地域経済や地域社会を自分たちにとってよりよいものに変えようという視点を持っているのである。私は従来の産消提携とCSAの違いをこのように捉えている。CSAという物珍しい言葉を使って旧来の産直の看板の掛け替えをするのなら、あまりにCSAの可能性をスポイルする実にもったいない行為ではないだろうか？

現状では50名程度の会員のうち、実際なんらかの形で農場の仕事を手伝っている会員は25名程度おり、非会員ながらコンスタントに手伝いに来る人が10名程度いる。このコアメンバーの存在こそが、トゥルーCSAの証明である。

農場の整備と栽培作物

私たちの農場は、実に50種類以上の野菜を育てている。この野菜は、品種でカウントすれば優に100種類を超えている。そのほかに麦や大豆や雑穀類、それに果樹を栽培している。できる限り自給という目的を達成するため、多品目少量栽培の典型的な農場である。しかし面積は280aを超え、さらに第2農場を長野県辰野町に建設しようとしている。

農場の中核は、神奈川県大和市の住宅街にある通称「出荷場」という20坪の大型プレハブ倉庫である。ここの内部は現在食堂に改装され、飲食店営業の許可も得ている。この出荷場から車で西に10分行ったところに主力の座間農場がある。

なないろ畑が耕作している全部で280aの圃場のうち、野菜や麦や大豆の栽培の中心になっているのが座間市栗原地区にまとまってある240aの座間農場で、7枚の畑と1枚の大きな堆肥場として利用している。ここには野菜摘み取り畑、ハーブ園、花畑、ポニーの牧場、シイタケの人工ホダ場、育苗ハウス、井戸などがある。そのほかに大和市内には40a強の果樹園を整備しつつある。ブルーベリー、キンカン、イチジクなどが栽培されている。ブルーベリー園も収穫期には摘み取り園となる。

農法的には、これまで学んだ知識に基づいて、基本的な有機農業を実

図3−1　なないろ畑の仕組み

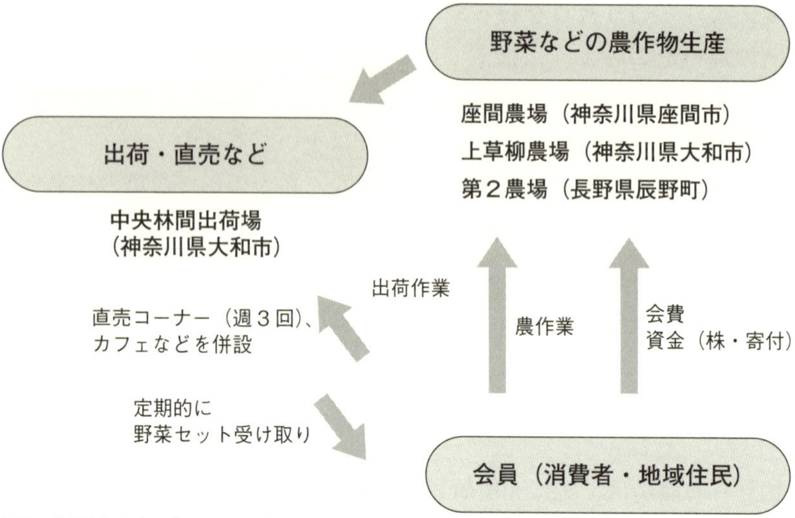

野菜などの農作物生産

座間農場（神奈川県座間市）
上草柳農場（神奈川県大和市）
第2農場（長野県辰野町）

出荷・直売など

中央林間出荷場
（神奈川県大和市）

直売コーナー（週3回）、
カフェなどを併設

定期的に
野菜セット受け取り

出荷作業

農作業

会費
資金（株・寄付）

会員（消費者・地域住民）

出所：『消費者も育つ農場』片柳義春著、創森社

施している。麦と大豆を帯状に野菜と交互に栽培するストライプ・カルチャー農法を取り入れるなど、非常にていねいな有機農業を実践していると考えている。いわゆる不耕起無施肥の自然栽培ではない。しかし、畜糞を大量に投入し、マルチを全面に敷き詰め大規模に単一作物を栽培するような粗っぽい有機農業でもない。堆肥も自前でつくり、雑草やおからを主体として、大きな堆肥場で、ゆっくり1年をかけて発酵・熟成させてつくっており、化学肥料や農薬を使わなくても、味や品質も収量も慣行農法に負けないものをめざしている。

会員、会費と野菜の受け渡し

　会員は、農場の野菜を取りにくる曜日を、火曜、木曜、土曜のうちの一日を選んで決めてもらい、各曜日のおおよそ午後1時以降に出荷場に取りにきてもらう。取りにこられない人のためには、定年退職したシルバー世代のアルバイトのおじさんに自家用車で各家庭に配達するサービ

この日はカブを収穫。コンテナへ詰め込む

スもある。このサービスの利用者が近年増え、現在およそ会員の40％が利用している。また、ゆうパックによる発送もあるが、これはわずか５％にすぎない。実際、会員のほとんどが大和市内かその周辺である。

　農場は、年間48週以上を目標に野菜の出荷をしているが、この数年はほぼ50週連続出荷を達成している。セットに入る野菜の品目数も７種類を下回らない。ほぼ10種類前後を維持している。春と秋の端境期は、出荷品目数が減ることもあるが、小麦粉などを出荷するなどして、端境期の対策としている。今後は長野第２農場で高原野菜を栽培し、特に秋の端境期を潰していく予定である。

　野菜の量は各家庭の構成人員数などの事情を考慮して、ＳサイズとＭサイズを用意している。おおむねＳサイズの1.5倍量をＭサイズとしている。会費は最新の2018年のもので、Ｓサイズ会員が年間12万円（税込み）、月割りで１万円。Ｍサイズで年間15万6000円（税込み）、月割りで１万3000円である。これには割引制度があり、労働時間券を１枚あたり500円と評価して、Ｓサイズが8000円／月まで割引が可能で、Ｍサイズ

は１万1000円／月まで割引が可能である。これはあとで説明を加えるが、農場での作業を手伝ってくれる会員への優遇措置である。

　配送は別途費用が請求される。配送作業のおじさんたちのアルバイト代などを考えて、配送を依頼する会員には一律1600円／月（税込み）を負担してもらっている。またゆうパックの利用者には、夏季のクール宅急便費用も含めて一律4000円／月（税込み）を負担してもらっている。

　2018年度の会員口数はＭサイズが19セット／週、Ｓサイズが45セット／週である。

「お客様」からふたたび「仲間」へ

　私は有機農業を本格的な農業の舞台に押し上げようとして、CSAというひねり技を用いて規模を拡大し、生産力も引き上げてきた。その一方でいつの間にかCSA会員の内容が当初の「仲間」的な存在から、「お客様」的な存在へと、変質してしまった。

　消費者が農場の仕事を手伝うことを前提に、会費を設定していたので、手伝ってくれない消費者が増えれば増えるほど、労働力不足に陥っていった。手伝いにこない会員の労働力分をアルバイトの雇用労働で補わねばならず、手伝ってくれない会員の増加が、赤字の拡大になっていくのである。もともと手作業が多い仕事ゆえ、機械化できる他産業と異なり、売り上げがある程度のところに行けば損益分岐点に到達するというような感じではない。儲からない仕事を、アルバイトを雇っておこなえば、支払う賃金が最低賃金といえども、かならず赤字になるという話である。

　さらに残念なことが、農場の内側の生産者の側でも問題が発生していた。研修した人間は他へと独立していくので、農場には跡継ぎがおらず、常に初心者を中心に農作業をおこなわないといけない状態が続いている。これでは生産性が上がらないどころか、「賽の河原の石積み」状態である。高額の寄付などもあってなんとかしのいできたが、もはやこ

の馬鹿馬鹿しい状態を続けていくのはキッパリやめることにした。

そして、当初の「とらぬ狸の芋畑」への始原回帰を進めていくことにしたのである。

労働時間券を使ったワーカーズコープ

2018年からなないろ畑のさまざまな仕事をしてくれた人には労働時間券を発行することになった。この労働時間券は、とらぬ狸の芋畑のトラタヌ債と同じ発想である。決算のさいに売り上げから経費と労賃を差し引いたあとの剰余金を労働時間券の総和で割り、1時間当たりの金額をはじき出し、労働時間券と引き替えることになる。農場がそれぞれの個人にいろいろな作業を委託した結果の支払いである。

これによってワーカーズコープのような農場の運営が可能になる。労働時間券のほかに農場の野菜を担保としたポン券も発行しており、ポン銀行を設置している。私たちの農場は、生活者協同組合でもあり、農業協同組合でもあり、労働者協同組合でもあり、信用協同組合でもある不思議な農場になってきた。誰も足を踏み込んだことがない冥府魔道をさまよっている感じもしないではないが、1800年ごろのイギリスのロバート・オウエンの実験に似ているのではないか。CSAは地域通貨運動とも、協同組合運動とも高い親和性をもっていると思う。

とらぬ狸の芋畑の労働時間券（トラタヌ債）の場合は、（サツマイモの総収量−経費分相当のサツマイモ）÷労働時間の総和＝1労働時間当たりのサツマイモの配当という計算式があり、サツマイモが一種類で一斉収穫ということもあって、現物支給が可能であった。それにたいして、たくさんの野菜を通年出荷しているなないろ畑では、いったん現金化してそれを再配分するやり方を採用した。なないろ畑での労働時間券の計算は、期末決算時の剰余金÷労働時間の総和＝1労働時間当たりの剰余金となる。いったん現金化することで配分し、次年度の会費に充当することができる。会費以上になれば家計を助けることにもなるが、それは徐々に剰余金が増えていった先の話かもしれない。

例えば、毎週決まった曜日の出荷の手伝いと月に1日の農作業に来る人の例では、毎週3時間手伝う（3時間×4日＝12時間）＋月に1日畑で8時間働く＝20労働時間/月、となり年間では240労働時間になる。決算において剰余金が500万円であれば、労働時間券の総和＝1万労働時間のときには、1労働時間券当たり500円の剰余金になる。この人は決算終了後500円×240時間で12万円受け取り、S会員の次年度会費である12万円に充当できる。

　ともかくも農作業すれば、結果的にお金を使うことなく有機農産物を手に入れることができる仕組みになっていくのである。

土からの贈り物と地域からの贈り物

　私は最初、安全な野菜を育てることに主眼を置いて、有機農業を始めたのだが、やっているうちに、まず収穫された野菜のおいしさに自分でビックリするようになった。なないろ畑は、あちこちで売っているような牛糞や豚糞、鶏糞を極力使わず、地域のいらなくなったもの、特に安く手に入るものを使って、一種の地域内循環をつくりあげてきた。

　堆肥の材料は、原発事故の前と後では大きく異なる。当初は地域の公園やお庭の剪定枝をシュレッダーで粉砕した「剪定チップ」が主体で、これに、落ち葉や雑草も加わり、地域のお豆腐屋さんを回っている業者さんが持ち込むおからをパワーショベルで混ぜて、醤油工場の香りのする堆肥を大量につくってきた。

　堆肥に積み込む以外には、町の商店街にあるわりと大きな米屋さんから出る米糠を全量引き取る契約をして使っていたほか、公園などの落ち葉を育苗のための踏み込み温床に使うなど、きわめて身近にある不要になった有機物を畑に戻して、微生物の餌にしていたのである。この目には見えないきわめて大量の微生物を飼っているなないろ畑の土こそが、野菜のおいしさのもとであると思う。この土の恵みは地域の循環があってこそ成り立つのだ。

　地域の不要品は有機物だけではない、農場のハードウエアのかなりの

剪定チップをダンプで搬入

自分たちの力でハウスを建設

部分も不要品をいただいてなないろ畑は成り立っている。

　例えば、なないろ畑の出荷場として使っている大きなプレハブ小屋も、堆肥をつくるためのパワーショベルも畑の周囲に防風ネットで風よけをつくるときに必要な足場パイプも出荷場や育苗ハウスの建設のさいに必要なペンキも、みんな会員さんが寄贈してくれたものである。

　ハードだけではない、ソフトもまた地域の底力が発揮されている。例えば、ハウスの建設や井戸掘りには、かつて東京タワーの建設や種子島のロケット発射台の建設に参加した老エンジニアが力を貸してくれたり、ハウスの骨格を足場パイプで組むときは、かつて足場設営の会社を営んでいた経験がある方に、元プロの技を発揮して組み立ててもらったりと、人的な面でも地域の力を総動員している。

　このようにCSA農場は、地域の不要になったものを集め、さまざまな隠れたマン・パワーを掘り起こして活用できるのである。そしてはっきり言えることは、CSAのなかでは単なる生産者と消費者の関係ではない相互扶助的な連帯感が育っていることである。CSAが地域に根ざ

しているからこそ、地域のなかの支援者が救いの手をさしのべてくれるのである。

　また農場は現金の寄付をいただくこともある。そのなかでも、ひときわ高額な寄付があった。数年前のことであるが、たまたまNHKの朝の7時台のニュースで、なないろ畑のCSAが紹介された。それを見ていた人からとんでもない高額の寄付の申し出が舞い込んだ。この寄付のおかげで長野県辰野町に今ある第2農場の古民家と山林田畑も買うことができたのである。

CSAの最大の生産物はコミュニティ

　トゥルーCSAは私たちにすばらしい有機農産物をもたらしただけではなく、それ以上にすごい恩恵としてコミュニティをつくりだす。食と農という私たちの根本的な生活基盤に根ざしたコミュニティである。そしてこれはトゥルーCSAだからこそだと思う。

　私たちはこれまでのさまざまな有機農産物の流通事業形態を目にしてきたが、あまりにもほかの流通とは変わらない生産者・販売業者・消費者という枠組みのなかで、消費者が商品化されパッケージ化されたものを購入し消費するだけのまったく受動的な存在になっている。有機農産物だからといって商品一般となにかが違うわけではない。

　かつて有機農業運動が盛り上がり、一方で消費者運動も盛り上がっていた1970年代後半には、まだ市民の側にコミュニティがあったが、今や、空虚な「地域」という言葉だけが残り、CSAを「地域支援型農業」と翻訳して、いらぬ誤解を招いているのである。地域コミュニティなどとうの昔に崩壊して、隣の人が死んでいても気がつかない「無縁社会」のどまん中にいる。私たちが農場を核にコミュニティをつくりだすことによって、それまで眠っていた地域の宝が掘り起こされるのではないだろうか。

ハーブ園でのフラワーアレンジメント

「ハーブ？　じゃあ、あなたがやりなさい」

　農場にたくさん人が集まるにつれ、オーソドックスな野菜の他にも、ハーブを育ててほしいとか、ブルーベリーが食べたいなどという要望も出てきた。これについては私もやりたいのはヤマヤマだが、農場本隊の労働力や資金には限界があり希望に応えられない。

　そこで、農場の周辺部には地形が悪く、パンの耳のような変な形の土地が余るし、また小さくて耕作に不向きな飛び地的なものまで土地のオーナーから任される。こういう場所を使って果樹やハーブを自分たちで栽培してもらえば、農場本隊も大いに助かる。そこで、ブルーベリーをやりたい人を集めてもらって、ブルーベリー園のチームをつくり、ハーブをやりたい人はハーブ園のチームをつくってもらい、農場本隊とは独立して取り組んでもらうことにした。これがサテライト・グループの始まりである。

　このことによって今までパッケージ化された商品を受け取るだけの消

費者だった人が、自分で調べたり情報を集めたりしながら、自分で考えてものをつくり始めるような能動的な人に変化していく。CSAには本来的に人間をより能動的な人間に変えていく教育効果があると確信している。さらにこうした小グループの活動はスモール・ビジネスへと発展していく。スモール・ビジネスがどんどん発生してくるような状況を見ていると、実はCSA農場が、こうしたスモール・ビジネスが可能になるためのインフラを提供しているのだと思うし、CSA農場にはそうした力や可能性があると感じている。

　これからはさらに農場内の仕事を小グループにどんどん任せて、あたかもパッチワークのような感じで運営されていく農場になっていくだろう。さらに次の項で詳述する麦畑トラストや大豆畑トラストも新たに始まった小グループの仲間である。

麦や大豆のトラスト開始

　一方で、放射能対策のために従来の剪定チップを利用した堆肥がつくれなくなり、農地を拡大して農場内で緑肥を栽培し、土づくりのための有機物の確保をめざすことになった。そんなおりに味噌造りなどの発酵ブームも湧き起こり、オーガニックの大豆や麦もどんどん人気が出てきた。それじゃあ、緑肥として牧草を育てるよりは麦や大豆を育てよう！ということになったのである。

　ここでまた、大きな問題にぶつかった。なによりも労働力が足りないのである。例えば麦。原価計算をすると、有給スタッフが麦踏みをした瞬間に麦は赤字になる。そこで、自分の手で栽培した有機の小麦を粉にしてパンを焼きたいとか、有機栽培の大麦を使って麦飯が食べたいとか、自分で栽培した有機の大豆を使って味噌をつくりたいという人を集めて、今度は麦畑トラスト、大豆畑トラストを始めたのである。10坪を一口にして大豆や麦の栽培を体験してもらい、収穫物を山分けにするシステムである。私は単作物型CSAと呼んでいる。

　これがすごい人気になってきた。大豆はもう3年目でリピーターがつ

き、3年目の人はかなり農作業に熟練してきた。収穫した大豆は、今度は味噌になる。農場では、発酵部という発酵マニアのグループもできて、糀づくりや味噌づくりもおこなっている。麦は今年が2年目だが、家族連れが軟らかい土の上の麦踏みを楽しんでいる。麦踏みの日には本当に今まで見たことのないくらいのたくさんの人が集まり、畑がにぎわう。

人々が集まる空間づくり

　なないろ畑を始めていちばん気にかけていることは、もちろん野菜がきちんとできるかどうかという問題であるが、その次に人が集まるかどうかということである。私たちが、外に出ていくのではなく、消費者を私たちの農場に呼び込めばよいのではないかと、発想の転換をしようと思った。都市のなかにある農場の最大のメリットを活かすべきである。

　そのためには、まずハードとして、交通の便のよい通りに面した農場を、自分で収穫する摘み取り園方式のユーピック型農場に設計し、大きな育苗ハウスやトイレなどを整備するほか、ハーブ園やポニーの牧場、野菜の摘み取り園、花畑、シイタケホダ場、イベント広場を設置した。

　そしてソフト面では、春と秋のフェスティバルをおこなっている。そのほか、毎週日曜日はここの畑を集合場所として「なないろ畑の農学校」を開催し始めた。将来的には毎週日曜日にオーガニック・マルシェを定期的に開催したいと思っている。

　一方、住宅地にある出荷場は、会員が毎週日曜日に食堂を開くようになったほか、出荷場の火・木・土曜マカナイ飯も大変好評で、会員以外の一般の人も入れるようにした。さらに、10月と12月の末と2月の末の3回、餅つきをしている。特に暮れの餅つきは人気があり、直近の餅つきは20臼までになり、次年度は二日に分けて餅つきをやらないと希望に応えられない状態である。自分たちが自力で餅をつくという餅つき教室のような形にしている。仲間で餅をつくことでコミュニティを分厚くする効果がある。

このようになないろ畑のCSA農場はイベントの多い農場である。このイベント自体は非常に労力がかかるが、イベントはいろいろな人との出会いを生み、農場のコミュニティを豊かなものにしている。人の集まる農場にするためのキーワードは、「おいしい」「楽しい」「美しい」「健康によい」の四つ。さらに加えて「社会的によい」あるいは「地球によい」という思想的・哲学的なキーワードが重要だと思う。

CSA だからできること

農福連携への試み

　近年、農業の世界で、「農福連携」という言葉を聞く機会が多くなった。なないろ畑には当初から、心に傷を負って社会に復帰できない若者、なにかの事件がきっかけで燃え尽きてしまった人もボランティアとして健常者に交じって農場で仕事をしてもらっている。2018年からは、地域のデイサービスに通っているおじいちゃんたちが、週1回農作業に来ているほか、年越し派遣村（リーマンショック後の2008年から2009年の年末年始に派遣労働者などを支援するため、支援団体が日比谷公園に開村）の事件で有名になった非正規労働者の自立支援をしているNPOが、月に2回自立支援のために利用者さんを連れて農作業に来ている。

　大和市の生活保護課から、近隣の就労継続支援B型事業所や、就労移行支援事業所の利用者さんも来ている。その成果として農場を訪れる方々が、一様に非常に活き活きとした表情を取り戻していることが印象的である。これらの人々が精神的・肉体的な健康を取り戻していることは各施設の職員や支援員からも聞いており、非常に好評である。農業には、いわゆる園芸療法的な力があることに確信を持つようになった。

　そんなおり、神奈川でも最大級の社会福祉法人が、なないろ畑とコラボして、福祉施設利用者さんが野菜を育て、社会福祉法人の傘下のレストランや加工場で利用するという話が現実化しようとしている。大事な

収穫期の田んぼ（長野県辰野町）

イチゴ苗の植えつけ

ことは、支援員がしっかりと農業技術を身につけ、施設の利用者さんのそれぞれの個性に合わせて、仕事を提示できることである。その意味で支援員の教育がなないろ畑の重要な仕事になる。

中山間地の再生とCSA

　福島原発の爆発事故は、私たちエコロジストには衝撃的な事件だった。わらや落ち葉、薪や米糠なども汚染されてしまい、有機農業を続けるためには、とんでもない試練が待ち受けていた。事故当時、すぐさま農場で会議を開き、会員の意見を聞き、どうするべきかを話し合った。そして神奈川にいちばん近くて汚染されていない場所を探したところ、3000m級の南アルプスの山々で守られていた伊那谷に注目することとなった。するとまた奇跡が起きた。そのときに農場に研修に来ていた女性の出身地が伊那谷の辰野町だった。辰野町の沢底地区で荒廃農地を復活させるためのNPOの活動にも彼女は参加していたので、すぐにNPOに話をつないでもらい、欲しかった稲わらや米糠や薪を調達できるよう

になった。

　2011年の10月から足かけ8年、現在に至るまで辰野町とつながっている。そして、南アルプスのきれいな源流水で稲作も始めることになった。水田作業で疲れた身体を休める場所を探していたところ、辰野町の移住定住推進のための空き家バンクに古民家があるという情報が入って、さっそく築150年以上という古民家を紹介され、一目で気に入り付属する山林田畑ともども購入した。こうして、原発事故の汚染問題をきっかけに、ついに長野の中山間地に第2農場を持つことになった。

　まんべんなく自給するには自分たちの神奈川の農場だけでは不可能である。いろいろな地方から特産物はもちろん、薪、シイタケ原木、米糠、高原野菜などを移入する必要がある。一方、地方の中山間地は、地元に消費者がおらず、都会に向けて販路を開いていく必要がある。そして販売に伴う中間業者に支払う経費や輸送費用は相当大きな負担になる。こうしたなかで、CSAは一種の共同購入組織のような形で、地方の生産者の前に現れ、その強みや利点が明らかになってきた。

　例えば、極端な例では、ショウガがある。南関東では夏の水不足がひどいので、畑地でのショウガ栽培がむずかしい。収穫量が安定しておらず、文字どおりすってしまうこともある。逆に四国高知県はシャワーのような雨が降るショウガの栽培適地である。ショウガ栽培農家は、大手の有機農産物販売会社に販路を握られていて、買いたたかれている状況がある。

　福島原発爆発事故のあと、調査旅行で知り合った有機ショウガ生産者から宅急便を使うときにもっともコストパフォーマンスがよい20kgずつの注文をすることにした。こうすれば消費者が一人で注文するよりもはるかに安く購入することができる。大手の業者よりも5割近く高い値段で生産者から買うことで、生産者の収益率も大幅に改善できる。CSAは共同購入組織としても機能し、地方の中山間地を活性化できるのである。さらに都会の人が中山間地に移住するのを手助けすることにもなってきた。

コミュニティ・ファームへの立て直し

さまざまな問題を抱えている日本の社会は、これからどういう方向に向かっていくのだろうか？　還暦を迎えて人生の残り時間が少なくなってきた私としては、自分がこれまでやってきた農業の技術をまとめることだ。今後3年間かけてなないろ畑の農学校を毎週日曜日に開き、そして技術書としてまとめたいと思う。もう一つは今年から3年かけて、CSAのなかでももっとも消費者主導型の「コミュニティ・ファーム」になないろ畑をつくり直そうと思っている。前述のように地域通貨を使った新たな実験であるが、3年間やってみてこの結果もまとめたいと思う。

矛盾に立ち向かい社会を変えていこうとすると、大きな壁にぶち当たる。典型的な例は原発が止められないことだ。しかし、時間がかかっても、かならず最後は、難関を突破できるという前向きの姿勢が大事だと思う。個々人の力など大きな歴史のなかでは微々たるものである。でもそのことで諦めてしまうことはあまりにも寂しいことではないか。かつて宮沢賢治が「まずもろともに輝く宇宙の微塵となりて、無方の空に散らばろう」と人々を励ましたように、私も多くの人が難関に立ち向かうことを願ってやまない。

■なないろ畑へのコメント　　　　　波夛野 豪

なないろ畑の取り組みについては、主宰者である片柳氏の近著『消費者も育つ農場—CSAなないろ畑の取り組みから—』創森社、2017に詳しいが、今回は、これまでを振り返りながら、今後の展開方法が（計画としてより具体的に）示されている。ただ、その方向は、片柳氏の言葉によれば「始原回帰」である。

なないろ畑では、多様な消費者が多様な形でCSAに参加できるよう、それを目指してさまざまな工夫がなされてきた。その結果、興味深い特徴を持つCSAとして多くの注目を集めているわけであるが、その注目に比して、CSA会員の数は80人程度で推移し、その多様な形での参加も「お客様」的なものが増えてきたことが問題として認識されている。ボランティア、もしくは雇用労働が多ければ、そうしたお客様会員の増加にも対応する方法はあろうが、20人というコアメンバーが常勤することもできず、自分のことは自分でできる会員でないと一緒にやっていけない状態を迎えているということであろう。

　筆者の懸念は、そんなつもりではなかった、約束が違うと言い始める会員が出るのではないかということであったが、ここでは、もともとが自分で収穫するユーピック方式の農場であったことを再確認でき、納得した次第である。

　片柳氏はCSAの一形態としてのコミュニティファームをめざすとしている。欧米では、そういった捉え方もあるが、両者は別物とされているようである。農産物を自分で作業して得るのと、実作業者以外に提供する役割を果たすのは違うという意味においてであろうか。ただし、中国のCSAでは会員が購入するシェアには「農産物シェア」と「土地シェア」の二つの選択肢があり、「土地シェア」は、CSA農場の圃場を特定してその購入会員が耕作し、その収穫物を得るという方式である。日常的な世話を農場スタッフがある程度担ってくれるとはいえ、これでは市民農園と変わらないように思えるが、中国ではあくまで、CSAの一事業としてコミュニティファームを取り込んでいるようである。

　ちなみに、ヨーロッパでは、ソーシャルファームというコンセプトが確立されている（詳細は、あうるず編『ソーシャルファーム〜ちょっと変わった福祉の現場から〜』創森社、2016参照）。これは、社会的ハンディを有する人たちのための雇用創出を目的とした農園ビジネスであり、その一つの形態としてCSAも採用されている。第2章でも触れたようにスイスのCSAである「ジャルダンコカーニュ」の方式が、農場

名称も含めてフランスのソーシャルファームに導入されており、その数は130を超えるとのことである。

コミュニティファームは、仲間で取り組むという意味でコミュニティを冠しており、ソーシャルファームは、社会的に意義のある福祉事業であるという意味においてソーシャルを用いているといえよう。多様な組合の形態を法人として認めているイタリアには、数人でも形成できる「農業組合」があるが、ほかにも農業をおこなうものとして「社会的（ソーシャル）組合」がある。これも、社会的ハンディを有する人たち（身体・精神・知的障がいを持った人、さらには前科を持った人）の労働の場として農場運営をおこなっており、イタリアのCSAとして紹介されているGASと提携している農場が見られる。

なないろ畑の将来展望に関連して、CSA以外の情報提供が多くなってしまったが、コミュニティファームは会員参加の方法として一つの選択肢であり、ソーシャルファームは事業展開の選択肢として、なお（実は、なないろ畑は外部の福祉団体からアプローチを受けたことがあり、現場もしくは農業への認識の違いで連携は不成立となった経緯がある）有望であろう。

考えてみれば、パンやその他の食品加工をおこなっている福祉施設では、その施設利用者の家族などを対象に生産物を販売するという農産加工品のCSAともいえそうな方法をすでにとっているわけである。イタリアの社会的組合では、障がい者一人に農場スタッフ一人がついて農作業をおこなうなど、農業に取り組むには、手厚い体制があってこそではあるが、地域福祉の一角を担えるならば、コミュニティを支えるCSAとしての面目躍如であろう。　　　　　　　　　　（三重大学大学院）

日本初の CSA としての
メノビレッジ長沼

メノビレッジ長沼
エップ・レイモンド　荒谷明子

メノビレッジ長沼を立ち上げるまで

「メノビレッジ長沼」は、私たちエップ・レイモンドと荒谷明子が、仲間とともに立ち上げた農場である。カナダとアメリカでCSA農場を立ち上げた経験をもつアメリカ・ネブラスカ州出身のレイモンドと、札幌生まれの明子が、1995年に北海道長沼町に就農し、CSAを中心に据えた農場を家族で運営している。夫婦ともクリスチャンであり、レイモンドは、メノナイト教会の宣教師としての肩書をもっている。

　私たち夫婦は1995年に、離農した長沼町の農家から5 haの農地を引き継いで取得し、就農した。1996年にはCSAを開始し、主に米や麦などの穀物類、ジャガイモ、野菜などを育て、そこで生産された農産物を「メノピープル」と呼ばれる消費者会員に販売している。2018年現在では、借地を含め18haまで農地は拡大している。2017年には長男夫婦も就農し、家族で農業を営んでいる。

カナダでの出会い

　私たち夫婦が出会ったのは、カナダのマニトバ州ウィニペグである。メノナイト派のクリスチャンである明子は、大学を休学して1991年にカ

ナダに渡り、メノナイトの家庭にホームステイしながら交流するプログラムに参加した。そこで、有機農家から小麦を直接買って、小さな製粉機で自家製粉し、その粉でパンを焼いているパン屋で働くことになった。そのパン屋は5人のクリスチャン共同体のメンバーで運営され、その一人がレイモンドであった。

　当時、アメリカとカナダは北米自由貿易協定を結び、生産した小麦の大半を輸出していた農家は大打撃を受けた。5人のメンバーは、1990年に、地域の農業を守り、農家と地域のつながりをふたたび取り戻すため、地域でとれた小麦粉を農家から適正な価格で買い取り、小さな製粉機で自家製粉するパン屋を立ち上げた。「トールグラスプレイリー」という名のこのパン屋は、後に町の人たちにとって地域にたいする思いを変えられるほどの存在となっていった。

　レイモンドは、アメリカで350haの農地でデントコーンを栽培するメノナイトの農家出身で、アメリカのネブラスカ大学で農業を専攻し、経済効率を優先する近代農業を学んだ。しかし、農業の大規模化が農村や教会の人のつながり、助け合いの精神を破壊していると感じて退学し、その後カナダの大学で神学部に進み、平和な社会のあり方や、そのための農業の役割について学んだ。そのままカナダにとどまり農業問題に取り組んでいた。

　レイモンドはカナダ在住中の1992年にCSAを立ち上げた。当時、農業問題を勉強していくなかで、知人のコンサルタントからCSAに関するビデオを紹介されたのが、CSAを知るきっかけとなった。その後、都市計画の専門家や記者、農家、有機農業に関心をもつ消費者とともにCSAを学ぶなかで、CSAを始めようと考えた。誰もCSAを経験したことがなく、ゼロからのスタートであった。CSAを始めるにあたり、地域通貨や有機農業に関心のある13名のメンバーが、CSAの立ち上げについて話し合いをもった。準備期間はわずか3か月であったが、プロジェクトとして戦略を練り、1年目からCSAの会員数は200名までに増えた。

会員募集にあたって

　会員の募集にあたっては、マスコミにプレスリリースし、雑誌、ラジオ、テレビ、新聞など、さまざまなメディアに取り上げてもらった。新聞に掲載された当日には、その日のうちに175人からの電話に対応した。電話での問い合わせは、「私はCSAに入りたい、どうやってお金を払えばいいですか」という感じだった。それだけ消費者にとってCSAに魅力があったということである。レイモンドは、このときは農家としてではなく、消費者グループのコアメンバーとしての立場でCSAの立ち上げにかかわった。農家は多忙であり、農家による消費者グループの組織化はむずかしかったと思われる。

　1995年に長沼町に夫婦で移住するにあたり、まず考えたことはコミュニティをつくりたいということであった。それは日本では「村社会」として表現される伝統的な地縁組織をそのまま再生するという意味ではない。顔と人格をもったリアルな人と人が、おたがいに思いやり、かかわり合い、支え合うリアルなコミュニティを自分たちでつくりだすことである。

　世界はグローバルな経済システムが広がっているが、一方でその動きとそのシステムが向かう先に不安を覚えている人もいる。そのような人たちと一緒になって働くことで、既存の大きな経済とは違うあり方を提示していければと考えた。そうして小さな地域内で循環する経済をつくっていくとき、食べ物はとても有効な手段となる。なぜなら私たちは誰も食べずに生きていくことはできないからである。こうした考えが、私たちが長沼町でCSAを始めた背景にある。

メノビレッジ長沼の CSA

　CSAのノウハウを聞かれることがよくある。しかし、私たちにとって細かいノウハウを話すことは本意ではない。なぜなら、これから紹介

ナタネ栽培する圃場でのレイモンド夫妻

するメノビレッジ長沼のCSAは、あくまで私たちのCSAであって、地域や人が変わればそのあり方も変わってくるはずだからである。CSAには「こういう仕組みでやれば全国どこでもCSAが始められます」というようなモデルは存在しない。その土地で作物をつくっている農家がいて、地域の農家がつくったものを食べたいと思っている地域の人たちがいて、その両者がどういう形がよいか、と話し合って一緒につくっていくものである。地域ごとに違う形態があって、それがいちばんよい形なのである。

　地域のまわりの人たちとどうやってつながり、ともに生きていくかということをとことん考えて、こんな形はどうだろうと考えてやってみる。私たちの実践は、あくまでその一つの形にすぎないことを、まず理解していただきたい。

前払い制と配達

　メノビレッジ長沼は、1995年に農場を開設し、1996年にCSAをスター

トさせたときから、1年間の生産にかかるコストを参加世帯数で割った金額を春に支払う前払い制をとってきた。農作業の経費は春にかかるものが多いため、収穫を迎えるまで農家はやりくりが大変となる。CSAを始めるときに、私たちは農場の広さや労力を考えて、80軒の会員が食べるぐらいの野菜を育てようと決めた。北海道は冬が長いため、私たちが野菜セットを提供できるのは5月から12月までの間である。その間、80軒の家族に隔週配達で1回に10〜15種類の野菜を届ける。年間15回ほどの配達になるが、それで一軒当たり3万8000円ほどの年会費となる。豊作でも不作でもこの金額は変わらない。

　一般的には不作のリスクは農家が全部負うが、私たちのCSAではそのリスクを食べる人も一緒に負う。天候不順で作物がとれなかったら、少ない量しか届かない。逆に豊作だったらたくさん届くようになる。このため、最初は4万円近くもの金額で、1年間にどれだけの作物がくるのかわからないという不安とともに会員になられた方が大半であった。

　今では隔週配達だが、最初のうちは毎週届けていたため、年会費は6〜7万円と高額だった。そこで3回払いを受け付けたり、「スライディングスケール」という方法も取り入れた。これは一定の価格幅のなかで、その家庭の経済状況に合わせて会費を選べる仕組みである。メノビレッジの場合は、平均額の6万円を中心に置いて最低額は4万円から最高額8万円まで、その枠のなかで自分たちが払える金額で参加していただく。

　受け取る野菜は支払った価格の多少にかかわらず内容も量も同じものである。「子育て真っ最中でお金がかかるから今は最低額でしか参加できないけれど、一生お付き合いしたいからそのうちに返していくつもりです」と言って参加してくれた子育て世代、「こういう野菜は小さな子どもたちのいる家庭で食べてほしいから私たちは最高額で参加します」という子育てを終えた夫婦もいて、この仕組みで毎年なぜか全体として必要なお金が集まっていた。

　会員の多くは、長沼町から車で30分の札幌市内に住んでいる。私た

ちはみずから配達をしているので、食べる人と直接出会う場面がある。「この人たちが食べる」と思うからこそ、農場でのつくり方もおのずと変わってくると感じている。人に任せて届けてもらうと気が楽だが、だからこそ直接、会員の皆さんと出会う緊張感がよい農業につながると思っている。

会員とのかかわりとつながり

CSAではなにがどれくらい届くかは受け取るまでわからないので、会員のみなさんは届いた野菜を見てから献立を決めることになる。一年間の契約なので、途中でやめることはできない。そして一年を通して届く旬の野菜を食べきるうちに、会員の身体や考え方が少しずつ変化していくようであった。例えば、徐々に天気を気にしてくれるようになる。街に住んでいると晴れがよい天気で、雨は悪い天気となるが、雨が降らずにレタスがどんどん苦くなってくると、「雨が欲しいよね」と言ってくれるようになった。

会員のみなさんは、自分たちが安心・安全な野菜を食べたいという思いでメノビレッジのCSAに参加した方が多かったため、最初はお客さん感覚であった。しかし、配達のときにはいつもお便りを書いて渡して、農場の様子から環境問題、政治や経済の問題、農業を取り巻く問題などを農家の視点から少しずつ伝えていった。野菜を食べていただき、配達で直接対話をし、一緒に勉強をして、7年、8年と何年もかけて時間はかかるものの、会員のみなさんのかかわり方や感じ方が変わっていくのが実感できた。

また、会員のみなさんがメノビレッジや他の会員につながる場として、田んぼで農作業に参加する「みんなの田んぼ」、会員が自分たちで年間を通じてお米を栽培する「おいらの田んぼ」、ハロウィンのお祭り、メノビレッジのいつもの一日に参加する「ワークデイ」など、さまざまな交流の場を設けた。「子どもたちが大人になったとき、この風景をふるさとにしてあげたい」と通ってくる会員もいた。会員の意識は、メノ

ビレッジの土づくりの大切さを、自分のこととして思ってくれるように
なっていった。

CSA とはなにか

CSAは「農業を通じて地域の人たちがおたがいに支え合う」という
意味で理解されている。しかし「CSAはこういうものである」と言葉
で表してしまうと、一度ついたイメージが払拭できなくなるので、まず
は「CSAでないもの」を挙げていきながら、CSAとはなにかについて
伝えたい。

まず大きな経済システムでは、消費者がいて生産者がいて、それぞれ
がおたがいに地域の反対側に住んでいたりする。だからおたがいがよく
わからない。そして両者をつなげているのは市場が決定する価格であ
る。生産者は高く売りたい、消費者は安く買いたい。だから両者は敵同
士となる。そういう存在として生産者と消費者があるのが、今の経済な
のである。CSAはそういうものではない。

そのような経済では、生産者にとって売ることがゴールとなる。でき
るだけ安く生産して高く売れるのがもっともよいことになる。効率よく
生産して見栄えもよくないといけないので、機械を入れて大規模化し、
農薬をたくさんまくようになる。しかし、CSAはそれをめざさない。
ではCSAは大手の流通システムの穴場をねらった隙間産業かといえば、
そうではない。「農家は大変そうだ」と都市部の人たちが心配して「あ
れだけ頑張っているのだから応援しよう」と農産物を買うというのも、
CSAとは違う。

ではなにかというと、CSAとは「食べる人とつくる人が一緒に農業
をしているという思いになること」だと私たちは思う。それは一緒に農
作業をするということではなく、農家にとって食べ物を生み出してくれ
る土地が大事なのと同じように、食べる人もその土地のことを大事に思
うということなのである。

メノビレッジ長沼の全景

　食べることを通じて次の世代も豊かに作物を育て続けることができる、土づくりに積極的に参加している、あるいは農場で働く人の生活を支えているという意識を持つことができる。つくる側も食べてくれるあの人の健康を支えるものをつくりたいと思う、おいしいと言って食べてほしい、だから農薬を使わないでつくる。そうやっておたがいを大事に思うからこそ農業があり、食べ方がある。CSAとは地域でとれた食べ物をともに分かち合うこと、たがいを信頼し、支え合うこと、そこに基づいて小さな経済を地域で一緒につくっていくこと、そういう生き方がCSAなのである。

これからのメノビレッジ長沼

　メノビレッジでは、数年前からナタネを栽培し油を搾る「みん菜の花プロジェクト」を立ち上げた。製品化したナタネ油は、直売所、札幌のレストランなどでサラダオイルとして使われており、全量販売できてい

る。地域に小規模の搾油所がないため、現在は愛知県など他の地域で搾油をしてもらっているが、いずれはメノビレッジに小さな搾油所をつくり、地域で育てたナタネを地域で搾油できるようにしたいと考えている。自宅で搾油できれば、輸送コストを減らすことができ、冬の仕事にもなる。地域の複数農家でナタネ栽培すれば、搾油所の稼働率も上がるだろう。

日本には50年くらい前までは全国に900もの搾油所があった。地域で育て、地域で搾り、搾りかすも地域で利用するのがあたりまえだった。春にはあちこちで菜の花畑が見られた。しかし現在、日本で流通している油の99.6％は、港のそばにある七つの巨大な搾油所で搾られている。遠い国から運ばれてきた作物が船から降ろされて搾油され、油が日本に流通している。私たちが毎日食べる油はどうやって育てられたか？　どこから来たか？　食卓に届くまでにどれくらいのエネルギーがかかったか？　遺伝子組み換えの種なのか？　そして食べる人が払ったお金はどこに行くのか？　そのお金は命を支えているか？　そういう仕組みが私たちの暮らしや環境にどんな影響を与えているのか？　それらが見えてこない。

長沼町では、かつて油搾りをできる場所が9か所あった。全盛期には669haもナタネをつくっていた。メノビレッジの油搾り機を年じゅう稼働すれば、長沼町の油（食用油）は自給自足できる。計算すると、おおよそ20〜30haで菜種をつくれば、長沼町の町民全員が油を自給できることになる。もし地域で育てられたナタネを地域で油を搾れば、お金は地域にとどまる。搾りかすも地域のなかで循環できる。それに一年のうち数週間、地域で美しい花を見ることができる。

メノビレッジではかつて絶えず3〜8名ほどの研修生が滞在し、さまざまな種類の野菜を育て、自家製小麦でパンを焼き、農産物や加工品をCSA会員の世帯に定期的に届けていた。しかし、2014年に農場のあり方を再考する必要を感じたことと、研修生の卒業時期や息子の就学なども重なり、人手不足に陥ったことで、CSAの前払い制を一時やめ

消費者が参加する田植え体験

て、現在では注文を受ける方法に切り替えている。会員数は減ったが、CSA会員に支えられていることに変わりない。

　現在、私たち夫婦と長男夫婦が中心になってメノビレッジを運営している。人手不足から多種類の野菜を栽培することはむずかしいが、400羽の平飼いの卵用鶏、米、麦、ナタネ、ジャガイモ、ソバを栽培、販売している。鶏は、メノビレッジ産の米、糠、くず麦、ふすま、メノビレッジで搾った大豆油の搾りかすをローストしたものなどを自家配合した餌で育てている。

　また、羊や牛を放牧しながら、麦とネタネ、クローバーなどを輪作をすること計画している。そうすれば肥料の投入を少なくすることができ、土壌の微生物が活性化されるため、そこに不耕起のまま古代小麦や在来種の小麦栽培にも挑戦したいと考えている。

　現在、前払いによるCSAは休止しているが、再開することをめざしている。CSAは、命の源である大地が生み出してくれる「食べ物」を介して、人々が出会い、つながり、思いやり支え合うことを学ぶための

手段だからである。その思いに共感し、学びたいという人にたいし、今後は滞在型・体験型のセミナーも主催していきたいという夢を持っている。

メノビレッジ長沼へのコメント　　　　　　唐崎卓也

　北海道長沼町の「メノビレッジ長沼」は、日本において、明確なCSAのコンセプトをもって開設された最初の農場である。日本では、1970年代以降に産消提携が全国各地で取り組まれ、その中にはCSAと特徴が近い事例も見られる。しかし、CSAのコンセプトを掲げて、その特徴をもつ農場はそれまで見当たらなかった。メノビレッジ長沼は、カナダとアメリカでCSA農場を立ち上げた経験をもつアメリカ出身のエップ・レイモンドさんが、妻の明子さんとともに北海道長沼町に就農して開設した農場であり、発足当初から消費者会員が農場開設に深く関与しながら、CSAを開始した。

　メノビレッジ長沼は1995年の農場開設以来、農業関係の雑誌や新聞などに取り上げられ、一部の農業関係者の間では注目されてきた。しかし、メノビレッジ長沼に続く、明確なCSAのコンセプトを持つ事例は、神奈川県大和市「なないろ畑農場」が開設された2006年まで待つことになる。こうした事例の少なさをもって「日本でのCSAの普及はむずかしい」と判断することは、早計といえるだろう。

　それは、日本国内では研究者や行政機関を含めて、CSAに関する情報発信をおこなってきたセクターがきわめて乏しく、CSAが普及する世界各国に見られるようなCSAを支援する組織も存在しなかったからである。また、日本では生活協同組合や生活クラブなどの消費者団体において、産地支援や交流活動がすでにおこなわれているなかで、新たにCSAに注目する消費者サイドからの働きかけも生まれにくかったも

のと考えられる。

　こうした状況にあって、メノビレッジ長沼が20年にわたってCSAを継続してきた事実に注目すべきである。今後の日本におけるCSAを考えるうえで、メノビレッジ長沼の軌跡は多くの知見を与えてくれる。

　メノビレッジ長沼は、当初、離農した農家から5 haの農地を引き継ぎ、長沼町で就農した。2018年現在では、借地を含め18haまで農地は拡大している。このほか、約400羽の卵用鶏の平飼いによる養鶏、パン工房でのパン製造もおこなっており、CSAの農産物以外にも卵、米や、パンなどの農産加工品を生産・販売している。CSAによる直接的な会費収入が農業経営に占める割合は、約3割程度と推定されたが、CSA会費収入以外の農業収入にはCSA会員への米、卵、パンなどの販売が多く含まれており、CSAはメノビレッジ長沼の農業経営において重要な役割を果たしたといえる。

　メノビレッジ長沼の発足当初、日本の消費者にはCSAが認知されておらず、CSA支援組織も存在しないなかで、CSAを発足できたのは、北海道出身の明子夫人の家族や知人を通じ、消費者会員が集まったことが大きな要因といえる。そのグループがコアとなって、CSAに特徴的に見られる消費者会員によるボランティアや生産者との交流がおこなわれるようになった。野菜セットの配送のさいには農場からの通信を配布し、消費者会員への情報発信と情報開示をおこない、消費者会員とのコミュニケーションを積極的にはかっていることが、CSAが継続できた要因ともいえる。

　また、その基礎として、メノビレッジ長沼は多くの研修生を受け入れ、若手農業者の育成に寄与し、地域の農業者との協力や住民との交流も見られるなど、新たな農業の担い手として地域に定着している点も挙げられる。

　レイモンド夫妻は、CSAとは「食べる人とつくる人が一緒に農業をしているという思いになること」と考えている。それは一緒に農作業をするということではなく、農家にとって食べ物を生み出してくれる土地

が大事なのと同じように、食べる人もその土地のことを大事に思うということを意味している。地域でとれた食べ物をともに分かち合うこと、たがいを信頼し、支え合うこと、そこに基づいて小さな経済を地域で一緒につくっていくという考え方である。

メノビレッジ長沼は、これまでCSA農場として知られてきたが、ナタネ油の活動のような地域自給への取り組み、地域住民との勉強会などに見られるように、その活動の根底にはコミュニティづくり、地域農業の持続、資源循環などに価値が置かれていることを理解する必要がある。CSAはそれを実現するための手段であって目的ではないのである。

メノビレッジ長沼のCSAは、前払いという点においては、2014年から休止している。それは研修生の卒業や息子たちの就学などによって、農作業の担い手が一時的に不足した点が大きな要因である。CSAは生産者と消費者が相互の関係性のなかで成立する。その特徴からすれば、生産者に多大な負荷がかかった状態でCSAを継続することは、CSAの本来の主旨に反するともいえる。CSAの休止は、メノビレッジ長沼らしい選択であったといえる。メノビレッジ長沼は、息子たちの就農による新たな農業経営への取り組みも模索している。後継者に恵まれていることは、農場の大きな財産といえる。今後のCSA再開だけでなく、地域の農業者としての活動に注目したい。

（農業・食品産業技術総合研究機構）

食・農で地域をサポート
わが家のやおやさん 風の色

わが家のやおやさん 風の色　**今村直美**

始りは家族の「おいしい！」から

「わが家のやおやさん 風の色」（以下、風の色）は、非農家出身の女性二人で始めた農家のユニットである。千葉県我孫子市・柏市（旧、沼南町）で2009年に新規就農し10年が経とうとしている。フルタイムの仕事をしながらの子育てのなかで、時間に追われる生活、消費一辺倒な生活に疑問を持ち始めた今村直美と、小さいころから動物や植物を育てることが好きだった猪野有里が出会ったのは、農業を学ぶために2年間通った千葉大学園芸学部別科であった。

　二人は年齢が大きく違うだけでなく、性格も違う。凸と凹のように違うからぴったりくるような二人であり、家族の「おいしい！」と言ってくれる笑顔がいちばん好きという、風の色がいちばん大事にしてきたことが共有できる二人である。屋号の「わが家のやおやさん」という部分は、野菜を届けた家の人たちにとって「うちのやおやさんは、風の色なんだよ」と身近に思ってもらいたいという思いを込めて娘と一緒に考えてつけた。

　家族経営でもない、畑を借りた土地に縁があるわけでもない素人的農家が、どのようにCSAを始め、地域に支えられ、地域を支えたいと思っ

159

ているかを紹介したい。

地域の役に立てる農家になりたい！

新規就農には農地の確保がまず大きな問題になるが、風の色にはあっという間に50aの畑が集まった。畑を求めて引っ越しをした先で出会った娘の小学校の「ママ友」の紹介によるものだった。それは農家の子どもたちが通う全校児童百数名の小学校に、近くにできたニュータウンから初めてやってきた家族を受け入れてくれたかのようだった。お返しになにか地域のお役に立てる農家になりたいと思うことはとても自然なことだった。そして地域とかかわればかかわるほど、人と交われば交わるほど、農業のもつこれからの可能性に気づかされていった。

子ども放課後教室「竹の子クラブ」

2本の鍬と手押しの小さな耕運機で耕作を始めるかたわら取り組みだしたのが、娘の小学校での放課後教室「竹の子クラブ」だった。農家の子どもたちが通う学区は広いうえに学童保育もないため、一度下校するとなかなか友達と遊べない、ゆえに外遊びをしないことを実感した。そこで児童のお母さんたち、地域の農家さん、学校の協力を得て、「竹の子クラブ」を立ち上げた。子どもたちは学年を問わず外で遊び、校外へ出てザリガニを釣り、大きな公園で遊び、旬を味わい（梅ジュースづくりや流しそうめん）、畑を耕すこともした。気がつけば、全児童の半数以上の子どもたちが週に一度は集まり遊んでいくなかで、私たちの気持ちも地域密着型になっていった。

「手づくり手の市／ジモトワカゾー野菜市」

柏のまちづくり団体であるストリートブレイカーズ（以下、ストブレ）は、地元の若手農家を集めて2009年の夏から月に一度の野菜市を神社の境内で始めた。風の色も農家として参加することになった。それが

柏まちなかカレッジ。CSA 勉強会で発表する千葉大西山ゼミと耳を傾ける市民のみなさん

「地産地消」を強く意識しだしたきっかけとなった。農家と言葉を交わしながら地元の新鮮な野菜を買う楽しさ、自分たちが食べているものを誰がつくっているのか知っている喜び。それらが地元への愛着を深めることにつながり、その結果、リピーターが増え販売が伸びるという好循環ができあがっていった。

柏まちなかカレッジと食のフューチャーセンター柏

　畑のある我孫子と柏は都心からも電車で30 〜 40分ほどであり、人口もそれぞれ13万人と42万人と都市近郊の地域である。田畑もまだまだ多くあり、都市と田舎が混在するような街である。そんな街で、街中を学びの場としようとする「柏まちなかカレッジ」が立ち上がり、さらにそのなかから誰もが深いかかわりを持つ「食」について取り上げる「食のフューチャーセンター柏」が発足した。2012年 6 月のことである。会社員や主婦や農家など立場の異なる多様な人が集まり、食育・コミュニティカフェ・運営の三つのチームに分かれて地域の食の問題への取り組

161

みが始まった。風の色が所属した食育チームの活動として、小学校の食育授業や親子料理講座で野菜の話をし、風の色の圃場では「CSA勉強会」を開催するなど、地域の方々、特に子どもをもつお母さんたちとの輪が広がった。

そのほか、風の色には、多くの大学生がやってきた。ゼミを圃場やハウスの中で開催したり、逆に大学のゼミ室で一緒に学ぶ機会にも恵まれた。学生の所属する学部は、園芸学部・社会学部・経済学部・教育学部とまちまちだったが、それぞれの専門のなかで卒業論文を書き、私たちのような小さな農業を捉えてくれたことは、農業のもつ多様なアプローチの可能性を物語っている。

若者サポートステーションとの連携

風の色で早い段階から取り組んでいたことに、柏地域若者サポートステーション（通称、サポステ）との連携が挙げられる。厚生労働省系の組織であるサポステは、働くことに踏み出したいと思っている若者をサポートする支援機関である。素人的農家の二人で段取りも悪く人手が足らないうえに、女性ということもあり、力仕事には限界があった。そこを補ってくれる人を探していたタイミングで、若者の実習の受け入れ先を探しているというサポステ職員からの相談があり、マッチングがスムーズに進んでいった。若者たちの多くは最初のうちは久しぶりの屋外での作業に戸惑うこともあったが、畑で体を使って汗を流すうちに心もほぐれていくように見受けられた。その後も何度も畑に通ってくる人もいた。最終的には、就職に結びついたり、新規就農に至るケースもあり、改めて畑のもつポテンシャルの高さを実感した。

以上のように、農業を取り巻く環境はさまざまで、またそれぞれの農家が得意とするポイントもさまざまだが、なにかしら地域との連携で基盤をつくることは、それ以降のCSAの展開を考えたときに有効に働くと感じた。CSAは農家にも消費者にもまだまだなじみのない購買システムだが、地域に関心を寄せる市民は食への関心も高く、つまり食料

（なにを自分たちが食べるか）を自分たちで選択していく「フードシチズン」（食料選択に意識のある消費者）である場合が多い。地域のフードシチズンと連携がとれれば、これほど力強いサポーターはいない。同時に、農家も単に野菜を育て売るという考えではなく、みずからがフードシチズンとなり、かつ生産者となる必要があるということである。

風の色 CSA ができるまで

CSAは農家主導で立ち上がるもの、消費者主導で農家をリクルート（募集、採用）して立ち上がるもの、その両者が合意して協同組合的に立ち上がるもの、複数の農家がネットワーク化されて立ち上がるものなどがあるが、風の色CSAが立ち上がるきっかけとなったのは、東日本大震災に伴う福島第一原発事故により放射性物質を多く含んだ雨が畑に降ったことによるということは珍しいケースかもしれない。2011年3月21日、その雨は畑のある我孫子や柏地域に降った。そして私たちの街がホットスポットになった。

このとき、就農3年目。やっとインターネットでの定期的な宅配が軌道に乗り出した矢先のことであった。「無農薬」や「オーガニック」に反応する消費者が誰よりも安全に気を配るのだとしたら、あっという間にほとんどの宅配がキャンセルになったことは合点がいくことだが、その関係性の危うさに「頭は真っ白、お先は真っ暗」の私たちであった。

安全・安心の柏産柏消円卓会議の始まり

大きな地震が起き、想定外の原発事故が起きた。津波や原発による災害にあわれた方々に深く心を痛めながら、自分の子どもを外で遊ばせても大丈夫なのだろうか……と判断できずに過ごした10日後。もう家の中で過ごすことのストレスもピークとなり、ふだんは車で行く買い物も、散歩がてらに子どもと歩いて行った先で雨にあった。いつもと変わらない雨のなかに、誰が高い放射性物質を含むとわかっていただろうか。

あらゆる情報が錯綜するなかで、野菜出荷停止のニュースが流れ、放射能が降った畑で育てた野菜を販売する農家に、まるで毒を売る犯罪者のように言葉を投げる消費者も出てきた。しかし、その言葉は、どこに不信感や恐れを投げていいのかわからない不安を抱えた同じ地域の市民からのものである。そして、つらい言葉を投げられた農家もまた同じ市民である。このようなコミュニティの分断がまさに起ころうとしていたときに、街づくりの一環として地道に「ジモトワカゾー野菜市」を進めてきたストブレが、2011年7月に「安全・安心の柏産柏消」円卓会議を立ち上げた。

　当てのないののしりあいをやめ、どうしたら日常の「安全な食、安心な暮らし」を手にいれられるか、信頼関係を取り戻すことができるか、消費者・農家・飲食店・流通業者など多様なステークホルダーが同じテーブルについて話し合うことを始めた。消費者の中には、小さなお子さんを抱えた母親であり署名活動などをおこないメディアにも登場している方もおられ、たがいに身構えたなかでの話し合い。どこに着地点を見出せるのかもわからないままのスタートだった。当時、農家は農産物の放射能測定をためらっていた。自分たちの暮らしが農家という地域コミュニティのなかにあることを考えれば、まわりへの影響も考えると気安く測定し公表することがためらわれるのは理解不能なことではない。

　みんなが納得できる方法……それは自分たちで測ること。その具体的方法の模索が始まった。

My 農家をつくろう！　Your 農家になろう！

　模索を重ねた結果、円卓会議では「My農家」方式と呼ばれるきめ細やかな測定メソッドの考え方にたどり着いた。1品目につき耕作されている圃場の5か所（4隅＋中央）から土壌を採取し簡易放射能測定をおこなった。そのなかで一番高い数値が計測されたポイントから検体用の農産物を採取し放射線量を測定、記録することを積み重ねていった。測定は農家だけでおこなうのではなく、消費者、ストブレのメンバーなど

イモ掘りを手伝いにきたメンバーの家族、援農ボランティアのみなさん

も畑に出向き、共同で作業にあたった。（詳細は『みんなで決めた「安心」のかたち』を参照）

　風の色のように、少量多品目で栽培をしている農家にとっては、手間と時間がかかることだが、データの積み重ねこそが信頼の回復であり、自分たちの農家としての自信を取り戻していくことになった。ポイントは、自分たちで確かめ納得すること。農家だけでもない、消費者だけでもない、ましてや行政でもない。自分たちみんなで確かめながら、信頼性のあるデータを積み、それを明らかにしていくことが、立場の違う人たちみんなに「納得感」のある結果として受け入れられるということになった。

　土壌測定などのデータは、震災からちょうど 1 年後に、「My 農家をつくろう」というサイトで発信された。その思いは一つ。信頼できる地元の生産者と消費者の「顔の見える関係」の構築をめざすことである。

　私には忘れられない一言がある。My 農家方式で測定した野菜を、柏高島屋の地産地消イベントで販売していたときのこと。ある方から、

「あなたいい顔しているわね。あなたからなら信用して買えると思う」と言われた。農家として悩み、子を持つ親として悩み、一市民として悩んだ結果が伝わった瞬間だった。そこから顔の見えるYour農家になろう、「わが家のやおやさんは風の色」と言ってもらえる農家をもう一度めざそうと思った。

こうして、震災から1年後の春、Your農家をめざして風の色のCSAが立ち上がった。

風の色CSAの取り組み

風の色CSAは、野菜をつくる人も買う人も、食べるものを育ててくれる畑をまん中においてそれを支える仲間でいよう！といっている。野菜とお金の単なる交換ではなく、地域にとって大切な畑を大事にし、畑に吹く心地よい風（季節感）を野菜とともに共有したい。畑はいつ誰が来てもいいようなオープンな場所でありたいから、農薬や化学肥料を使ったりすることなしに野菜を育てよう。そんなとてもシンプルな思いを共有できる人たちとともに、ホットスポットという大きな「痛み」を受けた同じ地域の住民になった経験を糧に、日常の食のあり方の見直しからスタートした。もちろん不作時のリスクを前提としてである。メンバーは今までの地域活動のおかげで、比較的苦労することなく集まった。その後も、口コミで広がることが多く、メンバー集めで頭を悩ますことはなかった。

CSAのサイズはどのくらい？

1年目は20軒程度からのスタートだった。3年目で30軒、4年目で50軒、5年目で70軒を超える家族に野菜を届けた。農地の大きさは、50aから始まり、5年目には約1haの畑になっていった。売り上げはおおよそCSAが50％、それ以外で50％（マルシェ、レストランや高齢者施設への納品、直売所など）である。あくまで感覚的な判断だが、1ha

住宅地に隣接した我孫子圃場

の畑で約90〜100軒分の野菜は育てることができると考えている（ただしこの場合、畑の稼働率が高いため、緑肥を使った栽培サイクルを考えると、1.3〜1.5haくらいの農地の確保が望まれる。私が研修した先では、畑全体の約40％を緑肥用として栽培計画をつくっていた）。

　契約数が増えれば安定的な収入が増えることは確かだが、人と人とのつながりを重視したCSAを展開するうえでは限度がある。各家庭の好みや家族構成などに気を配るなどの小さな積み重ねがCSAの継続にとって大事なことである。生産者も消費者もおたがいを身近な存在として感じられる距離感を保つことができれば、年間契約の安定性がさらに高まる。また、農家の栽培技術、労力（雇用も含め）、農地の確保、どのような関係性をそのCSAがめざすのかを見きわめる必要がある。

　栽培スケジュールや作付けの量はその契約数に基づいて計画を立てやすいことはCSAの利点だが、農家の栽培技術の獲得については、ある程度の時間と経験が必要であると実感している。そのためCSAを基盤としながらも、いくつかの販売チャネルを用意しておくことは、販売ロ

スを少なくするという面でも大事なことである。風の色の場合、週３日（月・水・金曜日）を出荷の日と決めている。そして、同じタイミングで高齢者施設へ出荷（野菜ジュース用にB品野菜の納品可）したり、同じ地域で新規に就農した農家や福祉作業施設との共同で始めた自前の小さな直売所「Abby's Farm」を展開したことは、販売のうえでセーフティネットとなっている。

野菜 BOX の品目と量

　風の色のCSAは年間10か月（４月〜翌１月まで）、隔週で野菜を届けている。月２回×10か月で合計20回である。１回分の野菜BOXは2500円を基本に、家族の人数などに合わせて2000円のタイプも選べることとしている。品目数は、2500円BOXが10〜12品目、2000円BOXが７〜８品目を基本とし、たくさん収穫できた週はそれよりも多く入ることもあるが、一品目200円〜250円を目安として、約１週間分の野菜を提供できるように考えている。（171頁の**表３−１**「年間野菜カレンダーの例」参照）価格については、月２回の頻度であることから、家計における生鮮野菜の消費金額の統計を参考に、そのおおよそ半分を目安に考えた。

　野菜の量は少なすぎても多すぎてもよくないことは、メンバーからの声でわかった。少なすぎては割高感があり、多すぎては野菜が届いたときの下処理や料理の負担感があり、また使い残して冷蔵庫でしなびている野菜を処分することにもなりかねず、その「もったいない感」から契約を継続できないメンバーもいた。品目や量については、メンバーの声をていねいに拾うことが大切である。

　栽培上のポイントは、出荷のタイミングを整えるということである。風の色がインターネットで野菜の宅配を始めたころ、毎週届けていた家族があったが、同じようなものが届くということ、隔週で届けている他の家族との出荷タイミングがずれてしまうことなどの問題があった。例えば、メンバーサイドからは、サツマイモは隔週なら消費できるけれど、毎週届くと食べきれない。農家サイドからはカリフラワーはまだ小

ある日の野菜 BOX（12 品目 2500 円）

さいからもう少し待ちたいけれど今週に出荷しなければならない（あるいはとり遅れた……）など、出荷に適したときを逃すことがあった。そこで隔週を基本とし、生長の早い葉物の種まきのタイミングや果菜の作付け量や植えつけのタイミングなども 2 週間スパンで計画を立てることでリズムが整った。

自分たちに合うスタイルを選ぶ

CSAを始めたころは、「わが家のやおやさん」と言うからには、なにがなんでも年間を通して野菜を届けたいと思い、ビニールなどの被覆資材やハウスを利用して栽培をし、野菜を使った加工品をつくってもらう（同じ地域でベーグルやさんを起業した友人につくってもらう）などをして真冬の野菜BOXを用意していたが、CSAが 2 年経ったところでそれもやめた。旬に合わせて素直に育った野菜を食べてもらうために春を待ってもらおう、冬の 2 か月で、農家の自分たちはつかの間の休息と春の作付けに向けて準備をしっかりしようということにした。

その結果、メンバーからは「春が待ち遠しい！」という言葉が多く聞かれた。そして食べることを通して季節を身近に感じられるようなライフスタイルにしたいと、メンバーそれぞれが感じることにつながった。農家も途切れることなく10品目以上の野菜をそろえるという緊張の連続から解放されリセットされる。さらに言えば、野菜を届けている10か月の間でも、土・日曜日はできるだけ休みをとることにしている。農業を仕事として選んだわけだが、サラリーマンの夫と子どものいる家庭の一人としての自分自身のライフスタイルも大事なものだと考えている。

　CSAの一つの特徴でもある野菜の受け取り方法は、生産者の負担を軽減するためにも①消費者が農場を訪れて受け取る、②ピックアップポイントといわれるところに取りに行くかのどちらかとされている。たしかに消費者が畑に来れば、野菜の様子や自然条件のリスクなどを肌で感じてもらえるいい機会となることはまちがいない。また、受け取りがてら作業の一部を共有してもらうこともでき、より親密な関係性をつくることも可能になるだろう。まさにCSAの核心といえる部分かもしれない。しかし、風の色ではそこに踏み切ることはできなった。

　それは、フルタイムで仕事をしていたころの自身の経験に基づく感覚によるものである。「生産者であれ、消費者であれ、子育てや仕事や生活にみんなががんばっている！」。その受け取り方法は本来のルールと違えども、家の食卓に旬の野菜をふんだんに使った食事を家族に用意したいと思う気持ちは同じだろうと、受け取りのハードルを下げるように我孫子・柏市内は自分たちの手で配達をしている（契約数の約半数。残りは宅配便を利用）。

　ここで配達は大変だろうと考えがちだが、畑は市の中心の住宅街から10kmほど離れたところにあるうえに、昔ながらの農家ならふつうに見られるように「自宅の隣に納屋があり、畑がある」というよう状況ではない。私たちも畑に通勤をしている。そのため、時間差で引き取りにくるメンバーを待つより、配達のほうが都合がつきやすいというのも一つの理由として挙げられる。そしてなによりも、口コミで契約が広がるケー

表3－1　「風の色」年間野菜カレンダーの例

2017 風の色　年間野菜カレンダー

今年私が楽しみにしているのは、去年お休みしていた、青ナスとかぼちゃ（普通の形）です。今年は復活！そのほか人気だったトウモロコシ、ラッカセイ、ネギなども引き続き栽培します。去年の反省を踏まえ、より美味しい野菜ボックスがお届けできるように、頑張っていきたいと思います。それでは、どうぞよろしくお願いします。

4月	コマツナ、ほうれん草、べかな、葉大根、ネギ、里芋、さつまいも カブ、ルッコラ、赤カラシナ、キャベツ、水菜、赤水菜
5月	紫コマツナ、ほうれん草、キャベツ、赤キャベツ、スナップエンドウ ミニ人参、玉ねぎ、カブ、ニンニクの芽、ミニ白菜、春菊 リーフレタス、レタス、ステックブロコリー、カリフラワー
6月	玉ねぎ、人参、カブ、じゃがいも（男爵・メークイン）、ニンニク リーフレタス、サニーレタス、空芯菜、枝豆、トウモロコシ ナス、ピーマン、キュウリ、ズッキーニ、インゲン、トマト、コリアンダー
7月	トマト、ナス、青ナス、ピーマン、カラーピーマン、きゅうり、トウモロコシ 島オクラ、モロッコインゲン、インゲン、モロヘイヤ、シソ、ゴーヤ ニンニク、じゃがいも（ヨーデル）、人参、玉ねぎ
8月	トマト、ナス、青ナス、イタリアナス、ピーマン、カラーピーマン、きゅうり 島オクラ、モロヘイヤ、ニンニク、空芯菜、ゴーヤ じゃがいも、玉ねぎ、そうめんかぼちゃ、シソ、バジル
9月	トマト、加工用トマト、ナス、ピーマン、カラーピーマン、きゅうり、島オクラ インゲン、かぼちゃ、ミニかぼちゃ、サツマイモ、九条細ネギ コマツナ、サラダミックス、ミニ人参、べかな
10月	コマツナ、べかな、春菊、チンゲン菜、ミズナ、ルッコラ、赤カラシナ 人参、大根、聖護院大根、カブ、リーフレタス、サニーレタス バターナッツ、らっかせい（おおまさり）、さつま芋、生姜
11月	コマツナ、サラダほうれん草、ペカナ、春菊、チンゲン菜、ターサイ 人参、大根、紅芯大根、カブ、キャベツ、ミニ白菜、カリフラワー さつま芋、じゃがいも、里芋、サラダごぼう、ステックブロッコリー
12月	コマツナ、ほうれん草、ネギ、カリフラワー、ミブナ、ミニ白菜 人参、大根、聖護院大根、カブ、赤カブ、キャベツ、ステックブロッコリー 里芋、じゃがいも、さつまいも、ルッコラ、赤カラシナ
1月	コマツナ、ちじみほうれん草、ネギ、チンゲン菜、ターサイ、ミブナ 人参、練馬大根、カブ、芽キャベツ、サボイキャベツ、白菜、ナバナ 里芋、じゃがいも、さつまいも、ブロッコリー、スティックブロッコリー
2月	コマツナ、ちじみほうれん草、ネギ、ブロッコリー、ロマネスコ 人参、練馬大根、カブ、芽キャベツ、キャベツ、白菜、ターサイ、ミブナ

＊季節の旬の野菜を、10～12種類（2500円BOX）、7～8種類（2000円BOX）のおまかせでお届けします。

＊今年の宅配のスタートは4月中旬からとさせていただきました。4月は端境期で品目が不十分なこと、逆に2月は冬野菜のおいしい時季で、かなり充実したBOXをお送りできることから、宅配の期間を4月中旬から2月中旬の10ヶ月（20回）といたしました。また野菜の生育により、カレンダーの内容と変更させていただく場合もあります。

注：① 2017 年度の例
　　②年度初めにメンバーに配布（天候などによって予定変更の場合もある）

スが多いため、配達先がそれぞれかたまった地域になる傾向が強いというのも、地域密着型の活動をしてきたことがよいほうへつながった結果といえる。

今でこそ「農業女子」といわれるほどになったが、農業はやはり力仕事も多く男性的な職業であることは農家となった今でも感じる。しかしこれからは、女性だから……、主婦だから……、お母さんだから……の生活者としての視点を、栽培方法や品目や販路や運営方法に反映して、自分たちのスタイルに合った農業をしていくことが期待される。それが、手間のかかるCSAを展開する農家自身の自信ややりがい、満足度を高め、その持続性につながるのだと思う。

価値観の共有が CSA を支えるカギ

CSAを立ち上げてから3年目の夏休み。風の色の1泊2日の合宿がおこなわれた。生産者である私たちが、風の色CSAが「単なる野菜とお金の交換」になっていやしないか、メンバーとの関係性をじゅうぶんに築けているだろうかと不安が出てきたためである。メンバー、援農ボランティアの方、農業を通して街づくりをしている方、福祉関係の方、農業経済学系を専門としている大学の先生など、風の色を日ごろから知る20名ほどが集まり、「風の色ってなんだろう？」「風の色がこれからめざすもの」をブレーンストーミングやKJ法（多量の情報を効率よく整理するための手法）を用いて話し合った。まずは、その場で挙がった風の色のキャラクターを紹介する。ふだんの様子が見えてくるだろう。

〈風の色キャラクター〉

いつも楽しそう・ネガティブ感が伝わってこない・二人の笑顔を見て喜ぶ人多し・話がしやすい（マルシェでの評判がいい）・お手紙に「心」がある・パッキングに心がこもっている・野菜と想いを届けている・畑にいると楽しくて気持ちがいい・安心感がある・実直過ぎて収入が心配・採算度外視で経営が不安……でも、それがいい感じ・栽培技術向上中

　農家主導型で始まったCSAだが、成長途中の農家であるがゆえに、立ち上げのときに掲げた「畑をまん中においてそれを支える仲間でいよう」ということは共感を得、肩肘張らずに達成できているといえそうである。

　このように、スタートアップの新規就農者がこのCSAのシステムを導入し、消費者（自分のファン）とともに営農し、経営的な安定をめざすことは、消費者にとっても「若い農家を育てる」という付加価値も加わるため、一つの有益な方法だと思う。

　次に、風の色の野菜について見てみる。

〈風の色の野菜〉

　露地野菜・新鮮・安心・安全・おいしい・大事な人に伝えたくなる野菜・家族が喜ぶ・農薬や化学肥料を使わない・珍しい野菜・日持ちする・加工品が欲しい・果物やお米や小麦も欲しい・技術を上げてもっとおいしい野菜を！

　CSAで大事なコンセプトの一つである、野菜の「新鮮・安心・安全」についての満足度は達していることがわかる。さらに、日常的に食べるお米や果物、また加工品への希望も多く見られた。しかしながら、一つの農家でこれらすべてをカバーすることはむずかしいため、ニーズ的には複数の農家によるCSAの立ち上げに取り組む価値があると考えられる。次に、風の色の畑について見てみる。

〈風の色の畑〉

人とつながる場……

　老若男女、業種も多様な人が集まるところ・人と出会うところ・人とのつながりが始まるところ・カタリバ・仲間・チーム風の色

発見・学びの場……

　消費者教育の場・農業体験がいつでもできるオープンなところ・学生が畑にいてなにかを学んで帰るところ・野菜や虫の話が聞けるところ・自然の心地よさを感じられるところ

地域のなかの風の色……

地域社会に関心がある・地産地消の推進・福祉や社会適応の場としての風の色・耕作放棄の解消（少しでも）・援農ボランティア（高齢者）の生活のリズムの一部

価値観・ライフスタイルの共有……

育てる楽しみと食べる楽しみを提供してくれるところ・食べることまで考えているところ・生活する人が野菜を育てているところ・自分の生活とのバランスがとれたやり方を模索している人たち・天気や野菜の生長が気になるようになったことがうれしい・雨乞いの気持ちがよくわかる・お手紙が楽しみ・自分事・いやし

これらから見えてくるものは、消費者はなにを風の色の畑を通して求めているのかということである。野菜の購入で農家を買い支えることの意味のうえに、さらに人や地域とのつながり、社会的な役割や貢献、自分たちの暮らしのなかに季節や旬の潤いを感じることによさを感じ、生活者としての価値観やライフスタイルの共有に意味を見出していることがわかる。つまりCSAには野菜の提供以外に価値の提供が求められていることがはっきりした。

以下、メンバーとの価値観の共有につながるような具体的な取り組みについて紹介する。

①「風の色だより」と「おうちごはん」……生産者の思いの共有

野菜とともに届けている「風の色だより」は、畑の様子やイベントのお知らせ、日々の暮らしで感じる自分たちの思いなどを伝えるとても重要なツールとなった。特に、ネガティブな情報（天候による生育不良や害虫による被害など）ほどていねいに伝えるように心がけた。メンバーのほとんどが千葉・東京・神奈川に住んでいる。同じような天候のもとで暮らしているので、より栽培上のリスクを自分事として捉えやすくなる。それは「痛み」を生産者とメンバーで共有することにつながった。

また、届ける野菜の品種や特徴などを簡単に説明する野菜リストも添えた。ときには珍しい品種の野菜を届けることもあるが、なぜこの品種を選んだかというエピソードを伝えることにより、野菜にストーリーが

農園の野菜を生かした料理

生まれる。加えて、次回の野菜リストも併せて書き、なにが届くのかわからないということを回避している。

　さらに、届ける野菜を使ったレシピ「おうちごはん」を紹介した。このレシピは、料理上手なメンバー３〜４名が順番に作成している。毎日食事をつくる主婦目線のレシピや保存方法の紹介は、生活者目線を大事にした風の色CSAを支えてくれた。「畑に出向いては手伝えないけれど、レシピを考えてメールで送るならできる」といってできたレシピチームもまた、野菜にストーリーを吹き込む生産者の一人なのかもしれない。

②「畑でごはん」と農業体験……畑の空間と時間の共有

　風の色は、いつ誰が来てもオープンな畑でいよう！というスタイルである。それは、畑の心地よい風を感じ、野菜が育つ姿を見てほしいからだ。しかし、畑に来たからといって手伝わなければならないわけではない。農作業を手伝うメンバーもいるが、休憩のお茶の時間に来る人、子どもと一緒に虫をとりに来る人などさまざまである。そして帰り際には誰もが「また来たい！」という。

そこで年に数回、畑でのイベントを開催している。イモ類の植えつけや収穫、芋煮会、とれた野菜をトッピングしてのピザパーティなど。ハウスに40名近くのメンバーが集まって「畑でごはん」のパーティを開催したこともある。料理はもちろん料理上手のメンバーが腕をふるい、おいしい野菜料理が並んだ。歌あり、焚き火での焼き芋あり、芋づるでリースづくりのワークショップありと、畑の空間と時間を存分に共有したことが、CSAを自分事として捉えるきっかけとなったことはまちがいない。

③自分たちの育てた大豆で味噌をつくろう……農作業・作物の生育の共有

このワークショップは、大豆の種まきから始まり、夏の除草作業、収穫、脱穀、選別、味噌づくりまで、1年を通して畑の作業を体験してもらおうという企画である。植えつけや収穫などのスポット的なかかわりでなく、じっくり栽培に向き合うことでさらに畑を理解してもらおうという、農業体験の上級者コースといえるかもしれない。大豆の選別に手間暇がかかりすぎたので1年だけの企画だったが、参加したメンバーからは、「虫にも病気にも草にもやられず、無事に食べられる大豆が奇跡に思えた！」という感想が聞かれた。

味噌づくりのワークショップへの参加者は非常に多く、日常の食材である味噌を手づくりし、「ていねいな暮らしをしたい」という思いが強いことがわかる。

④アンケートの実施……情報の共有

風の色では、3月には次年度の申し込みとアンケートをおこなっている。アンケートを通してメンバーの家族が就職や結婚や転勤などで構成が変わったり、年齢に応じて食べる量が変化したり、それぞれのライフステージの変化を共有できることは、風の色CSAにとっては大事な情報の一つとなった。同時に、メンバーにとって生産者とダイレクトにつながっているという安心感や価値観につながり、CSAの信頼関係に基づくやりとりのなかでは大切なものとなった。

リースづくりの講習会

この日は子どもたちもマイペースでサツマイモを収穫

　また、アンケートでは年度の振り返りをしてもらうことにしている。おいしかった野菜、使い方がわからなかった野菜、来年はもっと食べたい野菜、届いたときの野菜の状態などを報告してもらうことで、次年度の栽培計画やパッキングの改善がしやすくなった。メンバーにとっては、自分の意見が反映される場ともなる。

　一般的にCSAでは、コアメンバーを形成してその運営を担っていくことが知られているが、風の色では農家主導型でおこなってきたこともあり、これは今後の課題といえる。農家主導型の場合、小回りが利くといういい点もあるが、やはり農家の負担が大きいことは否めない。アイディアや行動範囲にも限界がある。CSAの持続性の観点からも、しっかりしたコアメンバーを形成することはまさに今後の要になってくるだろう。

地域との連携

　①風の色には、メンバー以外にも強力な助っ人がたくさんいる。毎

週、援農に来てくださるシニアの方々、あびこ型地産地消推進協議会の^(注4)援農ボランティアのみなさんなど。ほとんど毎日のように誰かがやってきて、畑に笑い声が響く。協議会の方たちは、農業研修を経て市内の複数の登録農家に援農に出かけるため、即戦力でもあり、さまざまな農家のやり方を教えてくれる貴重な存在でもある。また、シニアの方は経験と技術を持っているので、ハウスの建設、水道工事、大工仕事、経営アドバイスなど、その援農ぶりは多岐にわたる。風の色は、シニアの方々に日常のなかの「生きがい」を提供できることに喜びを見つけ、ここでも小さな好循環が畑を支えている。

②地域との連携はさらに福祉作業施設と地域の新規就農者で立ち上げた直売所「Abby's Farm」にも広がる。週3日だけの短い時間のオープンだが、開店時から生産者が順番に店番をし、直接お客さんが生産者と話ができることを大切にしてきた。新規就農者にとっては新しい販売チャネルであり、障がい者にとっては社会との接点を持つ場である直売所である。売り上げは苦戦しつつも、一定の常連客はついた。またAbby's Farmは畑で出たB品の野菜や残った野菜を、月2回のペースで地域の子ども食堂へ提供をしている。そのつながりから、地域の小学校の食育授業の講師を務める方から食材の発注があった。

このように、生産者と消費者の小さな支え合いが、CSAを通して求める「地域が支える農家」、「農家が支える地域」の2wayの関係性を堅実にしていくものだと考えている。

③風の色は地元にある川村学園女子大学で「農とくらし」「農と地産地消」という授業を担当している。将来、栄養士や保育士、小学校教諭になりたい学生が履修している。ここでは、際^(きわ)に畑を耕し、育て、食べるところまでおこなう。また、これからの食と農、食とくらしのあり方について学ぶことを目的としている。

授業の中で四つの「H」という話をしたことがある。四つの「H」とは、Head（頭）、Heart（心）、Hands（手）、Home（家）の頭文字を指している。これはイギリスのサティシュ・クマール氏^(注5)の言葉だが、これ

「地域の人と共存しながら運営する農業へ」と今村さん（左）と猪野さん

ら四つのどれもが欠けていない「丸ごとの」教育がこれからは大切であると言っている。Handsを使って土を耕し、Headを使って食の問題などを学ぶ。そして、収穫できた喜びをHeartで受け止め、野菜をHomeに持ち帰って家族の喜ぶ顔に食の大切さを学ぶ。

　CSAの目的の一つに、地域農業の持続性が挙げられる。この大学での取り組みは、一見CSAとは無関係のように見えるが、食のリテラシー（解く能力）を持った次の若い世代のフードシチズンを育てることにつながる。そしてこれは農家としてその人材育成にとても大きな必要性を感じていることだが、彼女たちが将来、食と農（農家）をつなげるファシリテーター（促進者）となり、高齢化や過疎化といった問題を抱える農家を支え、食と農の乖離を埋め、生産者と消費者をつなぐ人材となるかもしれない。

　これは長い目で見れば農業の持続性に結びつくことだろう。また、大学の知的資源が地域に活かされていくことにもなる。特徴的な実例としては、これまで商品価値のなかった未熟果の青いトマトを利用したソー

圃場での消費者との交流会

スが開発されたり、風の色の紫ニンジンがピクルスとして商品化され、大学内の購買部や地元の直売所で販売されるようになった。

風の色 CSA がめざす方向

就農10年目の風の色は、大きな方向転換を決めた。それは、ソーシャルファーム（Social Firm　社会企業）としての農園をめざすことである。Social Firmとは、「障害者あるいは労働市場で不利な立場にある人々のために、仕事を生み出し、また支援付き雇用の機会を提供することに焦点をおいたビジネスである^{（注6）}」とある。これまで見てきたように、風の色のCSAは生産者とメンバーに加え、さらに多くの人によって支えられてきた。単に畑で野菜を育てて売る、あるいは単に野菜を地元の農家から買うという購買行動ではなく、風の色にかかわる人それぞれが、CSAという形を借りて、自分たちの思いや暮らし、社会的な貢献を形にし満たす場でもあった。

それは、畑という場所の懐の深さゆえだと思い至るようになった。地域の構成員はさまざまで、いわゆる社会的弱者といわれるような人たち

もたくさんいる。懐の深い畑は、その多様な人々を受け止めてくれるだろうと思っている。

　CSAは一般に地域支援型農業と直訳されるが、次の風の色がめざすCSAは、地域のあらゆる人と共存しながら運営する農業として成長していきたいと考えている。

〔注〕
⑴ストリートブレイカーズ…柏商工会議所青年部が20周年事業の一環として考案し、1998年に創設された組織。柏の街と人の接点づくりに取り組んでいる。https：//www.streetbreakers.info/
⑵柏まちなかカレッジ…柏を愛する人から始まる、柏を愛する人たちが運営する、柏の愛する人のための、学びの場。
　http：//y-yamasita.com/kashiwa-machinaka-college
⑶食のフューチャーセンター柏…誰もがかかわりを持っている「食」をキーワードに、みんなの力とアイディアを引き出し、柏の未来を描き、実現させていく場。http：//food-fck.blogspot.jp/
⑷あびこ型地産地消推進協議会…我孫子市内産の安全・安心な新鮮農産物を農家と市民が連携して地元で消費することをめざす。
　http://abiko-chisan.com/
⑸サティシュ・クマール…イギリスの思想家（インド生まれ）で、E・F・シューマッハー（『スモール・イズ・ビューティフル』の著者）とガンジーの思想を受け、イギリスにスモール・スクールとシューマッハー・カレッジを創設。
⑹Social Firm…公益財団法人　日本障害者リハビリテーション協会より引用

〔参考文献〕
『CSA地域支援型農業の可能性　アメリカ版地産地消の成果』エリザベス・ヘンダーソ　ロビン・ヴァン・エン著、家の光協会
『みんなで決めた「安心」のかたち』五十嵐泰正著、亜紀書房
『シビック・アグリカルチャー　食と農を地域にとりもどす』トーマス・ライソン著、農林統計出版
『ソーシャルファーム　ちょっと変わった福祉の現場から』NPO法人コミュニティシンクタンクあうるず編、創森社

■風の色へのコメント　　　　　　　　　西山未真

　グローバル化時代の今日、攻めの農業と称して、大規模化による生産の効率化、ロボットやAI導入による省力化、省技能化の方向へ現代の農政は突き進んでいるように見える。一方で、足元を見れば直売所が盛況であるように、「小さい農業」が消費者の信頼を獲得し、身近なものとして存在感を増している。「わが家のやおやさん　風の色」（以下、風の色）はまさに「小さい農業」であり、その歩みは「小さい農業」の可能性を切り開いて来たプロセスでもある。風の色の６年間の歩みが示した「小さい農業」の可能性について改めてまとめたい。

　彼女らの農場にたいする思いや経緯は本文に著されているとおりであるが、一介の消費者だった二人が農業を始めたことに注目してみたい。風の色の二人は初めからCSAをつくろうとしたのではなく、自分たちがつくりたい農場を実現したらCSAだったといえる。二人はある意味で既存の生産者としての常識に染まっていなかった。つまり、彼女らはマーケティングの視点から消費者のニーズにアプローチし、農業を展開してきたのでなく、消費者として自分の食べたいもの、家族に食べさせたいものを生産するという視点で貫かれているのであり、それは当事者の視点なのである。

　そのため余計なものは使わず、自然に近い形で育てるのはごく当然の流れだといえる。彼女らが生産者でありながら消費者であることから、結果としてCSAのメンバーとも生産者と消費者という立場の違いを超えた関係がつくられている。それが可能となったのは、農場から得た命の糧を分かち合う者同士になるという感覚の共有を大事にしてきたからだと思う。

　次に、地域の視点から彼女らのCSAが果たしている役割について見てみたい。風の色ではCSAの形態になって消費者参加が始まったので

はなく、農場を始めてから年齢、性別、目的のさまざまな人が訪れ、各人が思い思いの過ごし方をするようになった。高齢者にとっては若い彼女らが立ち上げた農場を手助けすることは生きがいややりがいが感じられるリタイア後の楽しみである。子ども連れの家族にとっては、農場は子どもが思いきり土に触れる場所であり、貴重な遊び場である。大学生たちは、大学の講義で頭でっかちになった心と身体をほぐし、学んだ知識を自分化するために畑を訪れている。

　このように、農場は人、自然、そして自分と向き合う場なのであり、あわただしく時が流れる現代社会に、なくてはならない場として存在し始めている。このように見てみると、コミュニティがサポートする農業ではなく、人々が農場を訪れることで空洞化した地域につながりを育んでおり、実は農業によってコミュニティがサポートされているのである。

　訪れた人が農場での時間や経験を通して、農業、自然、食、人、地域に関心を持ち、農場での行為を自分化していく。風の色による生産者と消費者という立場を超えた新しい関係は、まさに消費者が「フードシチズン」になるプロセスであり、概念としてのフードシチズンをリアリティのある存在として示してくれている。

　フードシチズンは、地域における持続可能な食と農の担い手として不可欠である。大規模化、ロボット、AIの導入が進んだ農業に、地域の多様な人たちの居場所はあるだろうか。そして、地域にフードシチズンは生まれるだろうか。風の色の二人が見据えているように、より幅広い人たちが、より多様な目的を満たすために農場に集まり、農場を舞台に食と農、消費者と生産者が出会うことによってかかわった人の分だけ彼女たちの農業は大きく展開していくであろう。そして、その延長上に多様な人たちの居場所がある、持続可能な地域の未来が描かれることが予感できる。

（宇都宮大学）

ライフスタイルに合った農業の展開 つくば飯野農園

つくば飯野農園　飯野信行　飯野恵理

人生の方向転換、夫婦で新規就農

　2011年春、結婚を前に東日本大震災にあった。その年の夏から、私たちは家庭を築いていくうえでなにが大切か、仕事と健康、そして食べ物について、真剣に話し合うことが多くなった。2012年の2月に、茨城大学農学部で開催された有機農業のシンポジウムに二人で参加し、専門家の先生方の講演に感銘を受けた。「有機農業って奥が深い！　おもしろい！」と強く感じ、二人の方向性が決まった。

　すぐに農業を始める準備をした。2012年4月、信行の実家の近くの畑を借りて、夫婦で小さな家族経営の農園を立ち上げた。畑は市立小学校のすぐとなり、つくば駅からも2kmほどの距離で、子育てしながらのんびりと暮らすには最高な住宅地の中である。ここ数年で宅地開発が一気に進み、畑の面積を広げるのがむずかしいのが悩みであるが、CSAには最高の立地条件である。

　農家になると決めて、毎日食べたい本当においしい野菜とは何か考えた。幸いにも自分で種採りができる固定種・地域の在来種・昔からの伝統野菜に出会い、その魅力とおいしさに気づいた。それらを少量多品目で、農薬も化学肥料も使わずに栽培することに決め、販路も独自に開

つくば飯野農園の家族3名

拓。地元の小さな朝市と子育て世帯への野菜セットの個人宅配から、つくば飯野農園は始まった。

CSA 導入の契機

2014年春に長女が誕生。仕事と子育ての両立は、本当に大変。毎日時間に追われ、余裕がなくなった。

野菜セットの個人宅配では、0歳の娘を車に乗せての配達。途中で娘が泣き出し、おむつ交換、ミルク、抱っこ。10軒も配達できないうちに、あっという間に夜になってしまう。会員を増やすこともできない。どうすれば仕事と子育てを両立できるかを日々考えていた。

CSA 研究会に参加し、CSA 導入を決意

2015年1月、娘が1歳になる少し前に、第2回CSA研究会（代表：三重大学大学院・波夛野豪教授）が東京で開催されると聞き、信行が友

人と参加した。講演を聞き、信行は「これこそが自分たちの求めていたものだ！」と、CSAに今後の農業の可能性を見出した。

2015年2月、CSA導入を決めた。その大きな理由は、①会員が会費を前払いして農園の経営を支える（運営資金が確実に先に手に入る安心感）、②野菜は農園に受け取りに来てもらう（個人宅配しなくてもよい、農家の負担軽減）、③会費は決まった時期に前払い（会計がラクになる。農家も消費者も毎月の請求や集金の煩わしさから解放される）、の三点だ。

当時日本にはCSAについての情報がほとんどなく、詳しい仕組みや実践方法がわからなかった。アメリカ・ニューヨーク州のCSA農場の女性が書いたCSA農場立ち上げの経緯をまとめた本があると聞き、さっそく取り寄せて読み込み、イメージを想像していった。

キャッチコピーを含めて書名は、かなり長くなるが『食べることも愛することも、耕すことから始まる　脱ニューヨーカーのとんでもなく汚くて、ありえないほど美味しい生活』クリスティン・キンボール著（河出書房新社）。

CSA を導入するさいの不安とその解消

2015年5月に無事CSAを導入できたが、始める前は不安な点がいくつもあった。①会費の前払いは理解してもらえるか、②農園まで野菜を受け取りに来てもらえるか、③会員を集められるか、の三点だ。また、農家にはメリットだらけの仕組みだが、会員にはなんのメリットがあるのかまったく見えていなかったことも、大きな不安要素だった。

当時は消費者もCSAというものをまったく知らなかったため、CSAの概念や仕組みなどを消費者にどう話せば受け入れてもらえるのかわからなかった。しかし、そんな心配など無用だった。なぜ前払いになるのか、なぜ野菜を農園に受け取りに来てもらいたいのか、正直に自分たちのことばで、仕事と子育てが大変で困っているから助けてほしいと、素直な気持ちを話したら、すんなりと協力のＯＫをもらえた。謙虚な姿勢

で、真摯に向き合い、ていねいに話し合うことが大切だ。会員集めについても、初めは5人でも10人でも少なくてもよいと割り切った。まじめに取り組んでいると、宣伝はしなくても口コミで徐々に会員は増えてくる。必要なのは、自分たちを信じ、それを実行する勇気を持つことだった。

CSA 野菜セット分配の工夫

つくば飯野農園の野菜セットの分配方法は、農園や会員の状況や必要性に応じて、毎年変化している。CSAはこうでなければいけない、という決まりはなく、野菜の配り方も会費の集め方も、考え方もさまざまでよい。CSAを知ると、農産物流通の一般常識の縛りから解放されて自由になれる。

マーケットスタイルで省力化・エコロジー

つくば飯野農園はアメリカで一般的な「マーケットスタイル」で野菜の分配をしている。初めは「ボックススタイル」で会員一人一人にいわゆる「おまかせ野菜セット」をつくっていたが、「時間も足りない・人手も足りない・経費がかかる」と困っていた。

ある日、仕分けする時間がなくなって、「マーケットスタイル」を取り入れた。「このコンテナから好きな大きさのジャガイモを1kg、その秤を使って自分で量って、マイバッグに入れてね」と伝えたら、他の野菜もそのやり方でやろうということになった。

省力化を求め、自然とマーケットスタイルとなったのだが、好評である。会員は自分の好みの大きさのジャガイモを選べる。農家はS・M・Lと、規格ごとの仕分けをしなくてもよいし、個包装の手間も省ける。規格外のチビジャガイモを喜んで持っていく会員もいる。丸ごと素揚げにするとおいしい。

2019年からは、世界がプラスチック・フリーの動きになったことで、

今まで鮮度維持のためにおこなっていたビニール袋での葉物野菜の個包装をやめた。アメリカのように、大きなコンテナにコマツナなどの葉物野菜をそのまま山盛りに入れて置く。会員はその日の「お野菜だより」を見て、コマツナの重さを量り、包装せずにそのままマイバッグに詰めていく。

暑い日は葉物野菜をコンテナごと業務用冷蔵庫に入れて鮮度を維持する。個包装のビニール袋代もかからなくなり、お財布にも環境にもやさしい野菜受け渡しができるようになった。

紙ベースの「お野菜だより」のメリット

その日の「お野菜だより」（Ａ４横サイズ）には、①野菜の種類と数量、②簡単レシピ、③畑の様子、④連絡事項、⑤次回予定の野菜、⑥次回分配日などを記載する。「お野菜だより」は人数分用意し、おたよりの左上には会員一人一人の名前を書いておく。会員は自分の名前が書いてあるおたよりを取り、それに書いてある野菜を自分で数量を量り、持参したマイバッグに詰めていく。

ペーパーレスの時代だが、だれもがおたよりを読めるよう、ここは紙ベースでおこなっている。全員分のおたよりを用意することのメリットとしては、①会員が名簿にチェックもしなくていい。残っているおたよりを見れば、誰がまだ来ていないのかわかる、②インターネット環境のない人にも、確実に情報を伝えることができる。その二点だ。

「選べる野菜」と「交換ボックス」

一般的なボックススタイルの「おまかせ旬の野菜セット」の宅配というと、個人個人の野菜の好み（おまかせ野菜セットは苦手な野菜も入ってくるから困ることがある）や、各家庭の冷蔵庫の事情（この野菜は冷蔵庫にいただきものがたくさんあるからこれ以上はいらない）などの問題がかならず出てくる。小さな不満も、塵も積もれば山となる。

マーケットスタイルは不満が出にくい。会員に野菜を受け取りに来て

農業体験による消費者との交流

もらい、野菜は自分で選んでもらうことで、この問題は解決する。

「選べる野菜」は、全員が決まった2種類または3種類の野菜から好きなものを一つ選べる仕組みで、好みが分かれる野菜を配るときに有効だ。辛い野菜、香味野菜、珍しい西洋野菜などを配るときは、かならず選べるように工夫している。例えば、「わさび菜・ケール・水菜」の中から一つ選んでもらう。ほかにも「辛いピーマン（唐辛子）・普通のピーマン」、「パクチー・ジャガイモ」、「バジル・青シソ」などを組み合わせ、「選べる野菜」にする。

「交換ボックス」は、どうしても苦手な野菜や必要ない野菜があった場合に、農家があらかじめ用意しておいた交換用の野菜とトレードできる仕組みだ。会員は自分の分の不要な野菜を交換ボックスに入れ、そこから好きな野菜を選んで持っていく。いろいろな野菜がそのボックスの中でトレードされる。この仕組みは、アメリカ・イリノイ州のCSA農場「ヘンリーズファーム」を運営するヘンリー・ブロックマンさん、広子・ブロックマンさん夫妻の講演で知った（第4回CSA研究会、2015年10

マーケットスタイルで省力化

月開催）。

　人間の心理とは不思議なもので、なにか一つ選べるだけで満足度が全然違う。選べると、ちょっと得した気分にさえなるのがおもしろい。また、「交換ボックス」があれば、会員は農家に気を遣うことなく、苦手な野菜を堂々と別のものと交換できるのもよい。

会費設定と野菜の量

　いちばん気になるところは、CSA会費設定・野菜の量・分配回数だと思う。ここがいちばんむずかしい。CSAである程度の収入を得ようと考えると、どうしても会費が高くなってしまう。誰でも買えるようにと考えると、会費は安くなり、農家にとってはじゅうぶんな収入にはつながらない。誰をターゲットにするかでも変わる。家族構成や年齢層でも、会費設定が異なる。考えれば考えるほどわからなくなってくる。

　初めはMサイズ・Lサイズ・毎週コース・隔週コースとつくったが、会員が増え、セットと頻度の組み合わせが複雑になると、準備と管理が

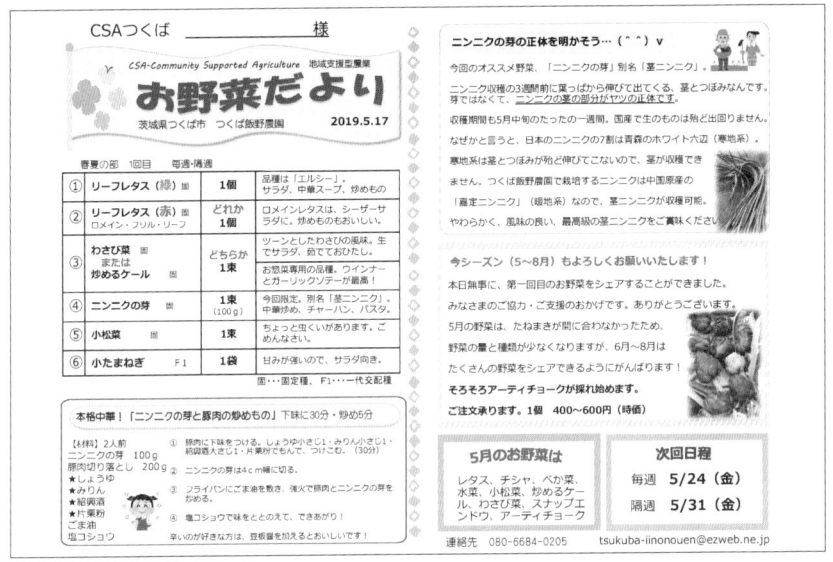

ミニレターお野菜だより

大変になって困った。ある年、思い切って、Mサイズだけにしてみた。

　誰でも買えるような価格設定で、一回あたり1250円分、5種類程度の野菜セットだ。基本のセットをこれに決めると、準備も管理もラクになった。農家が多種多様な組み合わせを用意するのではなく、基本セットを一つ用意し、会員に合わせてもらうような形になった。

　①一人暮らしや二人暮らし、遠方の世帯は、隔週で受け取り

　②家族3〜4人、保育園や小学生の子育て世代は、毎週でちょうどよい

　③家族7人の大家族は毎週2セットでも足りなく、たまに追加購入

　私たちは、野菜は鮮度のよいうちに食べ切れることがいちばんと考えているので、この基本セットだと量は少し足りないかもしれないが、そのくらいでよいと思っている。足りない分や、私たち夫婦が栽培できない野菜は、好みのものを他で買い足してもらっている。大量に配って、食べ切れずに冷蔵庫に余らせてしまうと、会員はもったいない気持ちと損した気持ちから辞めてしまう。

野菜の分配時期と回数、端境期

　野菜の分配は、年に2シーズン。春夏の部（5～8月）と秋冬の部（10～1月）だ。1シーズンで16週を目安としている。ゴールデンウィーク・お盆休み・年末年始などの大型連休は、帰省する会員も多いので、シーズンから外している。

　春先と秋口の端境期は、畑の準備と体を休めるために、野菜の分配は休む。通年で野菜の分配は、ベテラン農家でも大変だと聞く。小さな家族経営の農家が手間のかかる有機農業を続けていくには、きちんと仕事に休みを設け、シーズンのオンとオフのメリハリをつけることも重要だと考えている。

会費の支払いとCSA収入の考え方

　年に2シーズンに分かれているため、会費の支払いは年に2回。春夏の部は3月に、秋冬の部は9月に支払いとなる。1シーズンの会費が1～2万円程度なので、一括での前払いで、現金手渡し・郵便振替・銀行振込から選べる。みんなが同時期に同額の支払いなので、会計事務が簡単になった。

　3月と9月は、ファーマーズマーケットや農産物直売所での野菜販売がない。しかし、同時期はタネ代・資材代・堆肥代など、多額の経費の支払いがある。そのため、会員から前払いで会費（農園の運営予算）をもらえることが、すごく助かっている。3月になればCSAでだいたい数十万円のお金が入るとあらかじめわかっていると、精神的にも安心して経営をすることができる。新規就農者や家族経営の小さな農園には、うれしい仕組みである。

　つくば飯野農園は、全体の収入におけるCSAの割合は1～2割程度で驚くほど少ない。収入の大半は都内のファーマーズマーケットで稼いでいる。ほかは地元の農産物直売所などでの地道な売り上げである。

消費者会員と意見交換会

　CSAで経営が成り立つか、とよく聞かれるが、他の販路と組み合わせた場合に、経営がうまくいく可能性が高い。つくば飯野農園はCSAでの収入は「経営の基盤づくり」と考え、「人と人をつなげ、地域と人を元気にする」仕組みであると考えている。地域で愛される農園となり、そこから地道に売り上げを伸ばしていくのだ。

会員とのコミュニケーション

「お野菜だより」やフェイスブックでの情報発信はもちろん、野菜セット受け渡し時に一人一人と会話することを大切にしている。評判のよい野菜もわかるし、たくさんのレシピも教えてもらえる。会員の多くは女性なので、農家側に女性がいると、会員とのコミュニケーションが取りやすく、関係性を築くうえで有利だと思う。子育てなどの話になることもあるし、環境問題や政治について真剣に議論することもある。仕事や人生でつらいときは、たがいに励まし合う。

　年に一度は、会員との意見交換会も開催する。会費・野菜の質と量・

おいしかった野菜・食べにくかった野菜・野菜のリクエストなど。農園の経営がどんな状態か、真剣に話をする。当日参加できない会員からは、メールで意見をもらう。農家と食べる側は対等な関係で、どちらが上でもどちらが下でもない。

不定期ではあるが、料理教室も開催する。アーティチョークなどの珍しい西洋野菜は、下処理の仕方がわからないと初心者さんにはおすすめできないからだ。料理の仕方とそのおいしさを知ってもらい、ファンを増やしていく。

農作業ボランティアとワークシェア会員

つくば飯野農園では、CSA会員に農作業の参加義務はない。会員の多くが共働き世帯だからだ。農作業したい人はできますよ、くらいの気持ちで、食べて応援してくれる会員に農作業まで求めてはいない。

私たちは農家を助けることは、農作業だけではないと思っている。農家がいつも元気に健康に働くことができるよう、生活のサポートもありがたいとみんなに伝えている。忙しい時期にはごはんのおかず、暑い時期には飲み物を差し入れでいただく。もう使わない作業着や、粗品タオル、ボールペンやコピー用紙などの事務用品の差し入れも経費削減につながる。

2019年4月、恵理が緊急入院・手術になった。退院してからもしばらく動けなかった。春夏野菜の準備で忙しくなってきたときで、信行は一人で畑仕事・家事・子育て・病院への見舞いをすることになり、畑は手が回らなくなった。

恥など捨てて思い切って助けを求めた。多額の入院・手術費がかかり、農作業の手伝いに来てくれた人にお金は払えないのだが、なんとか今ここで農園を助けてほしいと。

3週間で約30名の農園ファンが農作業や家事の助けに来てくれた。CSA会員ではない人たちが9割を占めた。その後も継続的に、数名の方が農作業ボランティアに来てくれている。本当にありがたい。

CSA青山（港区）の野菜受け渡し会場

　今回、会員ではない多くの方々が農作業ボランティアに来てくれ、「ワークシェア会員」（会費無料で野菜セットをもらえる、条件は週○時間農園で働くこと）の導入についても検討をし始めた。農園の仕事は多岐にわたるので、その一部の労働力を確保できる。助け合いの新たな風が吹いてきて、私たちはワクワクしている。

都心の消費者とつながる　～ CSA青山の例～

　CSAに興味のある多くの農家や消費者が知りたい情報はこれではないだろうか——農家は都心の消費者とどうつながるか。つくば飯野農園では、「CSAつくば」と「CSA青山」の二つを展開している。CSAつくばでは、地元の会員（約40名）に農園で野菜を配る。

　一方、CSA青山は、東京都港区北青山のカフェを分配所としている。都内在住の会員（約15名）は、決まった日の決まった時間（2019年は隔週水曜日の17時半〜19時）にカフェに寄り、野菜をシェアする。CSA

つくばと同じように、その日のおたよりを見ながら、野菜を自分で量り、マイバッグに詰めていく。

　私たち夫婦はカフェに行けないので、野菜は宅急便で4箱程度にまとめてカフェに発送。会員が当番でキーパーを務める。荷物を受け取り、マーケットスタイルの準備をし、片づけまでおこなう。

　CSA青山では、会員が料理会などのイベントを自主的に企画し、定期開催している。私たち夫婦も都合がつくときは参加して交流を深めるのが楽しみだ。「おいしい・楽しい」が、継続のポイントである。

　さて、都心の消費者とつながるには、野菜を配るのにちょうどいい場所を見つける必要がある。わかりやすくアクセスがよいカフェやコミュニティ施設、オープンな雰囲気の職場などが適していると思う。新しく食と農のコミュニティをつくりあげるのは大変なので、もともとある人の輪に入っていき、みんなで野菜をシェアすることを提案していくのがよいと思う。

　CSA青山は、CSA研究会で知り合った方がコーディネーターとなり、時間をかけて立ち上げた。プレゼンテーションや試食会もおこない、CSAの趣旨に賛同する人たちを集めた。食を通してつながるのはメリットがたくさんあるので、ふだんから人と人のつながりを大切にしていれば、かならず賛同者・協力者が見つかるはずだ。

「消費者の顔が見える関係」をめざして

　よくスーパーや直売所では「生産者の顔が見える野菜」が並んでいる。安全・安心や信頼性をアピールする目的では重要で、売り場のイメージアップにつながる。しかし、生産者の顔写真と名前を載せただけで、本当の意味での「顔が見える関係」といえるのだろうか。その写真のおじさんやおばさんは、野菜を買うあなたのことは知らないし、誰が買っているのかもわからない。

　つくば飯野農園は、2019年で就農7年目。農家と食べる人とつながる

対面販売からスタートしたため、「消費者の顔が見える関係」にとても安心する。人気のある野菜がわかる。レシピや食べ方が広がる。食と健康の話題で話が盛り上がる。「おいしかった」と言ってもらえる。大変なときは励ましてもらえる。いつもおたがいに「ありがとう」と言葉を交わす。それがうれしい。また、誰が食べるかわかっていると、けっして嘘はつけない。常に正直に、真面目に、熱心に仕事に取り組む。向上心につながる。

だからこそ私たち夫婦は、生産者の顔も消費者の顔も両方見える、両思いの関係をめざしている。CSAはそれに合致した仕組みであり、いかようにも応用が効く。

CSAはゴールではなく、ツールである

CSAはめざすべき姿（ゴール）ではなく、これを経営の基盤にして、個々の農業経営や地域社会の発展につなげる手段（ツール）と考えている。例えば、新規就農者が経営の基盤をつくるためのはじめの一歩となり、家族経営の小規模農家（特に少量多品目栽培の有機農家）が確実に生き残っていくための一つの有効な手段にもなりえる。労働力が少なく、規模拡大もむずかしい都市型農業にも向く仕組みである。うまく利用するとすばらしい成果を出すことができる。

元気な農家が増えることが、地域社会の未来につながる

CSAには、人を笑顔にする力がある。謙虚な姿勢で、真摯に向き合うことで、たがいを思いやる心が育つ。地域づくり、人づくりができる。また、豊かな食生活と健康、人と人のつながりと地域社会、環境問題についても、深く考えるきっかけにもなり、知見を深めることもできる。そしてなによりも楽しい。これは実際にやってみないと、その楽しさは感じることができない。労働力の少ない家族経営の小さな農家こそ、CSAに興味を持ってもらいたい。ライフスタイルに合わせて柔軟に展開できるのは、CSAの大きなメリットであると思う。

これからの時代、地域の食と農にもっと関心を持てるような社会づくりが必要だ。人間が生きるための食べ物をつくる農業をもっと楽しく、やりがいのあるものへ変化させていかなければいけない。それには最先端の科学技術だけではなく、昔ながらの人と人のつながりや社会とのかかわりが大切になってくる。

　それにはまず、農家が日々の生活を楽しいと思えることが、いちばん大切ではなかろうか。元気な農家が増えることが、地域社会の未来につながる。私たち夫婦は、CSAを導入して本当によかったと思っている。その理由は、楽しくて、やりがいがあるからだ。新しい産直スタイルのCSAが、今後日本で広がっていくことを期待している。

■つくば飯野農園へのコメント　　　　唐崎卓也

　つくば飯野農園のCSAは常に創造的である。つくば飯野農園は、飯野信行さん、恵理さん夫妻が農外から新規就農して2012年に立ち上げた。まだ新しい農園ながら、就農から3年の2015年にCSAを開始した。つくば飯野農園のCSAの注目すべき点は、CSAの開始から現在に至るまで常に変化し続けていることである。その変化は、単に消費者会員のニーズに従うのではなく、子育て世代である飯野さん家族のライフスタイルに合わせ、消費者会員とコミュニケーションをはかりながら、つくば飯野農園にふさわしいCSAを模索している。定型的なCSAを導入したのではなく、つくば飯野農園のオリジナルなCSAを創造しているというのがふさわしい。

　つくば飯野農園の新規就農はまさにゼロからのスタートであった。夫の信行さんは、地元つくば市の出身ではあるが、農地や農機具・設備等の確保は独力でおこなった。飯野夫妻は、専門機関で有機農業技術を学んだわけではなく、実践を通じて独学で技術を身につけ、現在では農

薬・化学肥料不使用による高品質の野菜を安定的に栽培している。

　また販路は、地元のショッピングセンターの朝市での地道な顧客獲得、飲食店との契約を通じて、少しずつ確保していった。現在でも、東京都港区のマルシェへの出店も含め、直売を中心にした農業経営をおこなっている。こうした経営スタイルは、有機農業を志す新規就農者には、決して珍しくない。

　ゼロから農業をスタートし、普通の新規就農者でもあったつくば飯野農園が、これまで日本国内では事例の少ないCSAを、短期間で成立させたのはなぜか。それは、食の安全性や地域の農業への関心の高い消費者層がつくば市内に存在したことも挙げられるが、CSAが夫の信行さんが考えた「消費者の顔が見える農業」そのものであり、つくば飯野農園がめざす農業にCSAが合致していたことが大きな要因といえる。

　2018年現在、農園全体の収益に占めるCSAの割合は、約1～2割程度にすぎない。しかし、つくば飯野農園にとって、CSAは農業経営のなかで欠かせない存在であるという。それは、CSAが消費者、市民とのつながりをもたらし、つくば飯野農園の農業経営だけでなく、ライフスタイルとも密接にかかわり始めているからである。CSAの開始当初、つくば飯野農園はCSA会員の自宅に戸配をおこなっていた。しかし、2014年に長女が誕生し、子育てに忙しい飯野夫妻にとって、配送の労力は大きな負担となった。

　こうしたなか、その現状を会員との意見交換会で率直に話し、相互に望ましいあり方を模索した結果、戸配をやめ、会員が農園に野菜セットを引き取りに訪れる形態へと移行することとなった。また、CSAの開始当初は野菜を個別包装したうえ、会員世帯ごとに野菜セットを出荷場でつくっていたが、会員の発意により、飯野夫妻の労力軽減と省資源の観点から、個別包装を極力少なくし、会員自身が各野菜のコンテナから野菜をピックアップする方式へと変更した。

　こうしたエピソードからは、つくば飯野農園のライフスタイルに合わせてCSAが変化していることがうかがえる。その変化のベクトルは、

つくば飯野農園と会員とのコミュニケーションによって動的に生み出されている。飯野夫妻は、CSAを実践するなかで、「CSAはまちづくり」と感じるようになったという。それは会員が、CSAへの参加を通じて、地域の農業や食への関心を高め、変化していることを、飯野夫妻が感じ始めているからではないだろうか。

一方、飯野夫妻はCSAを「まちづくり」の視点から捉えつつも、CSAが農家にとって持続的な農業経営を成り立たせる仕組みであるべきと考えている。報告では、CSAの経営的なメリットについて触れているが、つくば飯野農園のように朝市や飲食店などへの直売の販路を持ちつつCSAを導入した農業経営は、日本ではこれまでほとんど見られなかった。アメリカでは有機農家がCSAとファーマーズマーケットへの出荷を併存させることは一般的であるが、日本においてこうしたスタイルが実現しうるかどうかは、つくば飯野農園がその先鞭として今後示唆を与えてくれるだろう。

こうしたなか、つくば飯野農園の新たなCSAの取り組みとして、2017年から東京の消費者との間で始まった「CSA青山」は注目される。CSAの「C」すなわち「Community」は本来、地域性を含む共同体の概念であるが、つくば—東京・青山の遠隔地間にあってCSAが成立しうるのか、日本における新たなCSAの創造を予感させる。この場合の「C」は、「地縁型コミュニティ」と対置して用いられる「テーマ型コミュニティ」、あるいは「消費者（Consumer）」と捉えられる。

つくば飯野農園のCSAは、2017年度の『食料・農業・農村白書』で紹介されるなど、注目を集め始めている。同書では、つくば飯野農園のCSAを地産地消のモデルとして紹介しているが、有機農業や環境保全型農業の実践、都市農業振興、多様な人材の農業参画に寄与する仕組みとしても、その可能性を見出せるはずである。CSAを創造するつくば飯野農園の取り組みを、今後も注目したい。

（農業・食品産業技術総合研究機構）

第4章

Community
Supported
Agriculture

欧米での CSA の
事例と特徴

GAS 提携農場の直売コーナー（イタリア）

消費者とともに持続可能な農業に アメリカ・ヘンリーズ ファーム

ヘンリーズファーム

ヘンリー・ブロックマン　広子・ブロックマン

ヘンリーズファームの概要

　はじめにヘンリーズファーム（Henry's Farm）の概要から紹介したい。農場は、夫のヘンリーと妻で日本出身の広子が1993年に設立した。アメリカ合衆国イリノイ州の4haの圃場で100種類、品種別では600種類の野菜を栽培しており、有機野菜認定済み（Certified Organic by Ecocert）の農場である。

　農場があるイリノイ州は大陸中央特有の気候で、冬は北海道中央部と同じくらい寒く、夏は仙台と同じくらい暑い。このため11月下旬から3月下旬までは暖房を使ったビニールハウス以外では野菜はつくれない。消費者への直接販売をおこなっており、その形式は週1回開かれるファーマーズマーケットと、同じく週1回分配するCSAである。

　私たちの農場では次の理想を掲げている。「小規模、地産地消、無農薬で持続可能な農業を消費者とともにめざす」。このような農業は、地球の温暖化、また、それぞれの地域そして地球規模の環境問題と闘うことができる手段と考えている。

ヘンリーズファームのCSA

　ヘンリーズファームは2000年にCSAを始めた。お客である会員20軒からスタートし、翌2001年には100軒、2010年には200軒となり、2015年時点での会員は240軒である。CSAのシーズンは5月終わりから11月半ばまでの26週間である。

　現在、アメリカの一般的なCSAは、生産者と消費者が農産物売買契約を結び、消費者が前払いで代金を支払うシステムである。ヘンリーズファームも同様で、契約は1年ごとにおこなう。まず11月初めになると240名のCSA会員一軒一軒に再加入申請書を手渡す。来年再加入したい会員は今年のシーズンが終わるまでに申請書を提出する。来シーズンは160〜170軒が会員になることが想定される。12月になると60〜80軒の新会員の募集に入る。広告は使わず、すべて口コミでおこなっている。

　会員はシーズンの始まる前に全額を現金またはカードで支払う。1シーズンの価格は一世帯当たり416ドル、日本円にして5万円ほどである。毎週6〜8品目の野菜を配布しており、消費者が支払う金額は一回当たりに換算すると1900円ほどになる。各CSAによって配布する野菜の種類や量は異なるため一概に比較できないが、私たちのCSAは安価なほうである。他では1シーズン20〜24週で800ドル、9万円のところも珍しくはない。正直なぜその値段になるのかはわからない。一つだけ私の考えを述べるなら、有機野菜は体によく環境にもよいことからできるだけ誰もが食べられる値段で提供したいと考えている。さて、会員がお金を支払うと、あとは春が来るのを待つだけである。

農場の一週間

　ここで、当農場の一週間を説明しよう。CSA会員は、毎週火曜日に野菜を受け取りにくる。水曜日は日常的な農作業の日だ。木曜日の午前

中は日常的な農作業をおこなうが、午後からは土曜日に開くファーマーズマーケットで販売する野菜の収穫を始める。金曜日も収穫を続けた後、収穫した野菜をトラックに積み込み、土曜日の午前1時にシカゴのマーケットに向けて出発、午前4時ごろに到着するとテントを設営し野菜を並べる。その後午前6時から午後1〜2時ごろまで野菜を販売し、夕方6時ごろに帰宅する。翌日曜日は休日である。月曜日はまた通常の農作業の日であるが、朝一番の仕事は火曜日にCSAに出す野菜を決めることだ。私は畑を歩き回り、6〜8種類の配布野菜リストを作成する。

当然、週により、また季節によって配布野菜リストは変わるが、最低でも会員一軒当たり16ドル分の野菜を出すようにしている。その基準になるのがファーマーズマーケットでの販売価格である。CSAではほとんどの場合16ドル以上に相当する野菜を配布している。経済的にCSAのほうがファーマーズマーケットで購入するよりお得である。

ファーマーズマーケットではお客は好きな野菜を選択できるのにたいし、CSAでは農夫が決めた野菜に満足しなければならない。マーケットでは必要なときにお金を払えばよいが、CSAでは先にお金を払い込んでいるため配布野菜を受け取れなければ損をする。

このようなお客の立場を考慮したうえでCSAの会員が有利になるように価格を設定している。このことが私たちのCSAの価格が安いことの一つの理由になっている。

さて、配布リストは月曜日中にメールとブログで会員に知らせる。あわせてその週の農場の出来事も伝えている。このことが会員に火曜日が野菜配布日であることを知らせるとともにコミュニケーション手段の一つになっている。火曜日はリストに基づいて野菜を収穫し、水洗い、仕分けをおこない、夕方、妻とともに配達に向かうのは30㎞離れた人口約8万人の町である。ここでは町の教会の敷地で野菜を会員に分配する。

教会に到着するとまずテーブルを設置し、それぞれの野菜にラベルを付して会員が受け取れる個数を表示する。15分余りですべての会員の野

案内板と農場

菜を並べる。会員は夕方6時から7時の間に野菜を受け取りにくる。開始前に列をつくり待っている人もいる。それぞれの会員の名前をリストでチェックしていく。CSA初期からのメンバーも多い。会員は表示に基づいて野菜を受け取っていく。

　配布場所では最後に交換テーブルを設け、自分の野菜と交換テーブルにある野菜を交換できるようにしている。例えば葉物と枝豆を交換する、といった具合いだ。配布時間は交流の場になっている。1時間で効率よく配布できる点は、ファーマーズマーケットに比べてとても楽である。この町の会員数は140軒である。

　このような私たちの配布方法はアメリカの主流ではない。大都市のCSAでは一人ずつの野菜をファームで仕分けて、それぞれのボックスに入れている。その後会員に配達する仕組みだ。それに比べると私たちの方法には二つの利点がある。

　一つは240個のボックスに仕分ける相当の時間と労力がかからない点。その分を価格に反映している。もう一つはお客に選択の自由を与えるこ

とができる点である。

CSAによるメリット

CSAは、農場や会員にどのようなメリットをもたらしているのであろうか。

まず農場にとっては、CSAは私たちの収入の3分の1を占めており、なにより農場全体の経営に大きな効果をもたらしている。会員は翌シーズンの代金を全額支払うため、シーズン前に経営の3分の1の金額を受け取ることができる。翌シーズンに天候などの問題が生じたとしても、すでに3分の1の収入を手にしていることは大変に助かる。

野菜の無駄をなくし、新鮮な状態で提供

次に収穫する野菜が無駄にならないことが挙げられる。ファーマーズマーケットではなにがどれだけ売れるのか予測できない。

雨天や寒い日は売り上げが落ち、たくさんの野菜を持ち帰ることになる。野菜が旬を超えないことも無駄にならないことの一つだ。毎週分配する野菜のリスト作成時にその週でなければ収穫できないものはすべて収穫するようにしている。毎週はじめに天気予報を確認し、金曜日のファーマーズマーケットまでは持たないようなものをできる限り収穫してCSAに出している。キュウリ、ズッキーニ、オクラなど週に2回収穫しないといけない野菜はファーマーズマーケット用とCSA用に収穫している。CSA用に収穫することで、ファーマーズマーケット用の収穫野菜を保管する必要がなく、冷蔵庫のエネルギー節約にも役立っている。新鮮で栄養価の高い状態でお客にも提供できる。

しかし、どれほど注意していても年に一回は多くの作物が一度に熟してしまうことがある。トマト、メロン、トウモロコシなどはその代表である。そういうときはマーケットで完売するよりも多くの量ができることになる。そのため、その週はCSAにたくさん出すことになる。一人

CSA野菜ボックスの受け取り

1.5kgのトマトをもらうことになるが、畑で腐って無駄にするよりはメンバーに喜んでもらったほうがいいと私は考えている。私たちの労力も無駄にはならない。

　利点の3番目は、雑草、病害虫、悪天候による被害を抑える役割だ。月曜日、CSAに出す野菜リスト作成を考えながら畑を回るときには、そういった問題で困っている作物やそうなりそうな作物を見逃さないようにする。雑草だらけの畝を見つけたとする。ファーマーズマーケット用にはせいぜい70〜80個ほどの野菜しか収穫できないが、CSAではすべてが収穫できるため、収穫後すぐに雑草だらけの畝を耕すことができる。雑草問題が解決できるわけである。また病虫害を早期に発見した場合でもすぐに収穫することで蔓延を防ぐことができる。被害が出た場合を考えればかなりの分が売り上げに貢献しているといえる。同じように大雨、干ばつ、霜など天候による被害が出そうなときには早めに収穫し、CSAで分配できる。

会員にとってのメリット

では、会員にとってのCSAのメリットはなんであろうか。

もちろん会員にも経済的なメリットがある。しかし、会員にとっての最大の利点は、新鮮さ、おいしさ、安全・安心さにあると私は考えている。もう一つ会員にとっては農夫とのつながりも大事な要素だと思う。食中毒、残留農薬といった問題が多い現在では、お客は食べ物をつくっている人と直接接したいと思う。毎週農夫がお客さんと顔を合わせること、それが信頼関係の第一歩である。

私たちの会員は、いつでも自由に農場を訪ねることができる。私たちがどのように野菜をつくっているのか、自分の目で確かめることができるようになっている。毎年秋にはメンバーを農場に招きパーティーをおこなっている。150 〜 200人が集まる。

CSA の課題

以上、よい点ばかり述べてきたが、CSAにも課題はある。ある調査によると、アメリカにおけるCSAの平均寿命は 5 年（編著者注：出所が明らかでないが、実践中のCSAの経験年数と推定される）とされている。続かなくなる理由は会員がやめてしまうからだと私は思う。

そうなると農夫はいつも新しいメンバーを募集しないとならない。CSA会員が再加入しない理由を探ると、CSAにどのような問題があるかが明らかになる。

野菜の受け取り方

まずスケジュールの問題。会員は忙しさのなかで、決まった場所、決まった時間に野菜を取りにこなければならない。多くの人は忙しいなか、毎週取りにくるのは困難なのが現状である。私たちのCSAでは会員がなんらかの理由で受け取りにこられなかった場合、払い戻しはしないが、翌週までに農場に受け取りにくるか、次の週に 2 週分の野菜を受け取ってもよいという取り決めをしている。

メンバーにとってもっとも大きな不満は品目指定ができないことだと

消費者会員との交流会

思われる。例えばナスが嫌いなお客にナスが分配されれば大きな不満となる。「お金を支払っているのになぜ好きではないものを配布されないといけないのか」といった声もあがる。前述したように、この対応として、会員が何種類かの野菜から選択できるようにしているほか、野菜交換テーブルを設け、欲しくない野菜があった場合には交換テーブルで欲しい野菜と交換できるようにしている。しかし、とにかく好き嫌いが激しい人にとってCSAは決して好ましいものではない。

会員との間の絆

新しい会員は、CSAのために自分の生活スタイルを変えることがむずかしい。このため毎年約半分の会員がやめていく。他のCSAでも同じくらいの率であると聞き及んでいる。毎年約半分のメンバーがやめればすぐにだめになるのではないかと思われるかもしれないが、これは新会員に限ったことである。仮に50人の新会員が入るとそのうちの半分の25人がやめていくということだ。つまり25人の新メンバーは残ってく

れる。そして残った会員はその後も再加入を続けてくれる。私たちのCSAが15年以上も続いているのは、古くからの会員との間に強い絆があるからだ。会員に継続してもらうポイントは、すばらしいものを、欲しいだけ、公正な値段で提供することであるが、それだけでは継続してくれない。重要なのは農夫がメンバーとの間に強い絆をつくることである。大事なのはたがいの感謝の念である。

このような絆を育てるためにいちばん大事なことは、毎週の配布で直接の交流をすることである。私は毎週顔を合わせてお客さんに話しかける。そしてメンバーの意見、不満、質問を聞く。会話によってお客さんの有機農業にたいする意識と理解を高めることができるし、信頼を得ることができる。圃場の情報を伝えることも大事である。

定量の野菜配布の契約

もう一つたいへんなことは、種もまいていない時期からお客さんに定量の野菜を配布するという条件を満たす契約を結ぶことである。特に経験の少ない農夫にとっては大変なストレスになる可能性がある。なんらかの問題が生じても、お金は支払われていることから、決められた野菜は配布しなければならない。

私の場合、なにかがあってもファーマーズマーケット分の野菜を減らしCSAに回すことで補うことができる。加えて多品目をつくっているためどんな天候でも合格点をつけられる作物が実る。このようにファーマーズマーケットとCSAの組み合わせは、非常に柔軟性のある農業が生まれる。

アメリカでは会員数10軒から1万軒規模に至るまで、しかも果物、チーズ、花、卵など、農産物別に見ても数多くのCSAができている。CSAにより持続可能な農業が実現できると考えている。

（本稿は、2015年10月17日に開催された第4回CSA研究会の講演録を収録した季刊「自然と農業No.79」木香書房刊をもとに再構成した）

グローバルに考え、ローカルに動く カナダの CSA の精神

東京農業大学大学院　エミ・ドウ

はじめに

　カナダのCSAの歴史は、1992年、マニトバ州のウインズ・シェアド・ファーム（Wiens Shared Farm）に始まる。以来、CSAの動きはカナダ全土に広がり、その数は3000に近づいているといわれる。残念なことにCSA農場の情報は非公開のものが多く、実数のカウントはむずかしいが、グエルフ大学によると、2016年に州、地域の利用可能なCSAデータベースのリストから実態を調査した結果、カナダ全域では399のCSA農場が確認されている。

　実際の農場数の少なさには関係なく、消費者と生産者が食料生産の過程で共有すべきCSAモデルの根底にある概念は、わずか25年前には漠然としたものであったのが今では社会の至るところにまで広がっている。カナダでのCSA活動を理解するためには、カナダの農業の歴史を知ることが必要である。

若い国カナダと農業

　1867年に誕生したカナダは、建国以来まだ150年しか経っていない若

い国である。しかしその初めから、農業は存在していた。イギリスとフランスが初めに植民地化したオンタリオ州とケベック州では先住民は、その当時、トウモロコシ、米、豆などを生産していた。しかし、その時期の植民地に期待された産業は、農業ではなく、先住民の通商（交易）による、ビーバー毛皮の取り引き、および漁業と林業であった。

また、植民地の定住者がカナダという新しい環境での農業を学ぶことができるほどには植民地としての時間は長くはなかった（Russels, 2012）。今のオンタリオ州とケベック州の大都市は、交易に便利な地として発達したため、セントローレンス川とオンタリオ湖の表土がいちばん豊かなところ、ゴルデンホースシュー（Golden Horseshoe）に存在する。カナダは東から西に広がったが、それは、わずか10カナダドル（CAD）[注1]で65haもの土地を買うことができ、ヨーロッパから移民した人々が新たに農業を始めたからである（Gerriets, 2002）。

カナダの東西の統一はカナダ大陸横断鉄道建設のおかげもあるが、プレーリー（マニトバ州、サスカチュワン州、アルバータ州）での農業が成功していなかったら、現在の国にはなっていなかったであろう。

政府が穀物生産を後押し

プレーリー州では主に輸出用の穀物を生産していた。1920年代後半30年代前半に大規模な干ばつが10年間続き、1929年の大恐慌はあるが、その時期は特別に激しい状態になった。というのも、収穫量を最大にすることを目的とした集中的な浅い耕作慣行が、土の構造を崩し、多くの表層土壌が吹き飛ばされる状況を引き起こしていたからである。今でもその時期は「dustbowl」（ダストボウル：大平原地帯で断続的に発生した砂嵐）と呼ばれている。

この現象で慣行農法が環境に影響することが明らかになり、政府と大学は共同で農業方法を改善する活動を始めた。おかげで、ダストボール時代に急速にかつ壊滅的になった農業は、農業技術の革新と発見によって、急速に回復した。

CSA農家が生産した豆の多様性

　これは、連邦政府と州政府が農業問題の重要性に気づき、農地の再生、農業用水の供給、コミュニティの牧草地の提供、干ばつに苦しんでいる土地からより耕作可能な場所への個人の移住を促進することを優先したからである（Russels, 2012）。さらに、政府は、穀物の価格設定と生産者の所得を支えるための政府補助金制度を導入した。第二次世界大戦ではカナダの農産物は連合軍に重要な役割を果たし、戦後は農業と政府の関係はますます深くなった。1950～1970年の間、連邦政府は効率と生産性の向上をはかるために　農業の規模と機械化の推進を提起し、促進した。

　また、同じ1950年代に有機農業の創業者ルドルフ・シュタイナー（Rudolf Steiner）[注2]の賛同者、エインフレッド・ファイファ（Einfried Pfeiffer）が有機農業をカナダに紹介した（Hill & MacRae, 1992）。しかし、従来の農業改革に関連する補助金制度は、同時期の　有機農法の新しい技術の導入にたいしては適応されず、1980年代までは有機農業生産者のための政府支援は事実上実施されなかった。[注3]

グローバル化による農業危機と有機農業

1980年代に入り、グローバル化したフードシステムがどのように農家に影響を与えているのかが明らかになり、特に家族経営農家は政府に抗議し始めた。課題になったのは企業との競合である。1980年代までは、どうにか生活してきた農家であるが、急速に、種・農薬・農業機械を購入する企業に併合され、同時に農産物を販売するレストラン、スーパー、卸売業者も統合が進むことで、コスト増加と同時に販売金額の低下が起こった。

1950〜1960年代では、販売金額の50％は農家に帰属していたのが、1980年代には15ドルのうちわずか1ドルしか入らない状況になったといわれている。しだいに小・中規模農家は農業をやめていき、農地を企業が統合するようになった。この時期に平均農地面積は大きく拡大した（Lowder et al, 2016）。1992年のWTO・GATT交渉のときまでには、農民の経済危機は大規模な抗議を巻き起こすほど大きくなった（Qualman, 2002）。

同時に1980年代は、有機農業の市場がようやく広がり始め、それぞれ有機認証団体が設立された。同時に、食のシステムを改革する必要性の認識が徐々に社会に広まり、消費者は農家の窮状を認識し始めた。

カナダにおける CSA の始まり

前述したように、カナダのCSA運動の始まりは、マニトバ州ウィニペグ市郊外にあるウインズ・シェアド・ファームである。ダンとウイルマ・ウィンズ（Dan and Wilma Wiens）は1990年に農業を開始し、有機農産物を町のいくつか のオーガニックショップで販売しはじめた。彼らの最初のシーズンは順調に進んだが、小規模農家であることの不安も感じ、消費者を巻き込んだ 新しいシステムを見つける必要があると考えていた。

　CSA（Community Supported Agriculture）モデルはすでに米国との国境に近い南部に発達し始めていたが、最初にウインズに生産者・消費者モデルのアイデアをもたらしたのはたまたまカナダを訪ねていた日本の生活クラブ生協代表から紹介された日本の提携システムだった。ウインズは、1991年の冬に、地域の友人や同僚との会議を開いて、提携システムの方法と適用について話した。このアイデアは非常に斬新で、CSAに関しての新聞記事が出されたあくる日には100件以上の電話がかかったほどである。1992年に、ウインズ・シェアド・ファームのCommuni-ty Shared Agriculture Programが、200メンバーとともに始まった（Dyck, 1994）。

「農業システムの改革」が動機

　日本の提携システムは、ウインズ・シェアド・ファームでのカナダ初のCSAプログラムの発足を呼び起こしたが、基本的な考え方とアプローチにいくつかの重要な違いが ある。まず、ウインズ・シェアド・ファームのCSAは、農家が農業システムに関して改革したいという動機から発生したものである。ウインズが言うには「感覚的に、農家の立場として、この考えを推進したかった。公平かつ適切な価格を、環境問題に関心のある人々に公正の立場から紹介したのだ。そしてそれらの人々とともに、公正、公平な連帯を訴えたのだ^{（注4）}」とのこと。農家と消費者のパートナーシップよりも、農家のアイデアを消費者に取り入れてもらう運動であるとも考えられる。

　ウインズ・シェアド・ファームのCommunity Shared Agriculture プログラムの立ち上げから数年後には、ますますグローバル化するアグリフード・システムへの不満が高まってカナダ全土に大きな抗議がおこなわれた。特に農家や農業関係者にとって、1994年に締結された米国とメキシコの自由貿易協定（NAFTA）は、農業に関する自由貿易の影響が比較的わかりやすい形で示されているため、反グローバリゼーションキャンペーンにおいて、自由貿易の意図しない壊滅的な結果を説明する

ために頻繁に使用された。したがって、この間に農業問題にたいする意識は急速に高まった。

「ローカルフード」の広がり

グローバル化された農業システムに関する懸念は、農法（農薬・化学肥料・過剰耕作、化石燃料に依存する機械など）だけでなく、農家や農業労働者の人権と労働に関するものでもあった。2007年に「100マイル・ダイエット」（100 Mile Diet^{注5}）が出版され、日本でいう地産地消の運動が、「local food」というキャッチフレーズとして社会的に広がった。これは、地域で地域の農業を支えるという、まさにCSAの消費者と生産者のつながりをつくることであった。同時に広まった「vote with your dollar」活動は、市民が毎日参加できるグローバリゼーションへの反対運動として取り組まれた。コンセプトは、お金の使い方は投票と同じであること、つまり、好ましい状況をつくるためには自分のお金の使い方で未来に投資する、ということである。

「100マイル・ダイエット」や「雑食動物のジレンマ —ある四つの食事の自然史」（Omnivore's Dilemma：A Natural History of 4 meals^{注6}）といった書籍が、グローバル化したフードシステムの問題を最前線に押し出し、カナダのCSA運動を促進した。特に「100マイル・ダイエット」では、著者はバンクーバーのCSAに参加し、CSAモデルの認知度を広げた。随意に、アドボカシーグループ、NPO、慈善団体等は、CSAデータベースとディレクトリの作成を促進し、彼らのネットワーク内にCSAモデルについての意識を高め、既存のCSAファームの新しいメンバーを募集する大きな役割を果たした。このようなアドボカシーグループの役割はケベック州で特に顕著である。

エキテール（Equiterre）は、リオデジャネイロで開催された地球環境サミットで報告された汚染、大規模な工業化、労働者の搾取に対応するツールを開発するために形成されたNPOである。エキテールは有機農業を推進するなかで、ケベック州のCSA農家を幅広く宣伝し、ウェ

ブのCSAディレクトリを通じて現在100以上の農家と3万5000人の消費者をつないでいる（Equiterre, 2017）。

カナダにおける CSA の実態

カナダのCSAは、マニトバ州の小さな農園でのつつましやかな始まりから、多様で新しく革新的なモデルに変貌した。この新しいモデルは多様化する農民の異種の課題と目標に対処している。 CSAモデルを使用している農家の理解を得るために、2016年にゲルフ（Guelph）大学の研究者デブリン（John Devlin）とデイビス（Meredith Davis）が全国CSAの全国調査をおこなった。

この研究を通じて、農家の平均耕作面積は異なっているが、CSAのための生産に利用している平均耕作面積は1.5haである。調査した農家はほとんどが有機栽培をしているが、有機認証を獲得しているのは34％である。どのような農家がCSAモデルを利用しているかを見ると、ほとんどは若い（40歳以下）、学歴の高い（中等後教育を受けている）、新規就農者（農業経験年数5年以下）である。

CSA は農業経営の一つの戦略

カナダのCSAモデルの興味深い側面は、86％のCSA農家では、CSAは経営における多数のビジネス活動の一つであるということである。カナダのCSA活動は、農家が農業システムに関して改革したい気持ちから発生したものであるため、CSAは農業経営の一つの戦略として取り入れられていると理解できる。

デブリンの農家向けのアンケートで、農家のモチベーション、環境、コミュニティづくりよりも、農家の財政的実効性や生活の質（quality of life）が重要となっているのは、まさにカナダのCSAの機能を物語っている。CSA農家は、平均して一農家当たり約100人のメンバーで、会員一人当たり平均426ドル／年(注7)の会費で経営している。93％の農家はメ

ンバーの年会費でコストをまかなうことができていると言っている。ほとんどのCSA農家のコミュニケーションは、農家からの週刊ニュースレター（93％）と、参加者に農場体験（71％）を促すという活動から生じている。

　CSAモデルが特に適用可能な領域は都市環境である。都市農業は、農業を開始することに関心のある都市住民の農業との橋渡しとして、カナダで増加傾向にある。以下では、カナダのバンクーバー市にある二つの都市農場に焦点を当て、いかに多様な方法でCSAモデルを導入しているかを明らかにする。

食の安心・安全・安定を優先事項に

　ブリティッシュコロンビア州の大都市、バンクーバーは豊かな自然の町として知られている。バンクーバー都市圏における近郊農業の生産額は、ブリティッシュコロンビア州の３割近くを占めており、農業は地域経済に重要な役割を果たしている。バンクーバー都市圏（近郊農業）では農家一戸当たりの平均耕地面積は20ha、カナダの一戸当たりの平均耕地面積と比べると約10％である。ブリティッシュコロンビア州のＡＬＲ（Agricultural Land Reserve）制度は農地を守る制度であるが、ＡＬＲで守られている土地はバンクーバー都市圏のうち、２ha以下の農地の75％は耕作放棄地である。農業従事者の平均年齢は57歳で、30歳以下は３％しかいない。次の世代に農業をする人がいなくなるのではと、みんな感じている。

　バンクーバー市は2004年にVFPC（Vancouver Food Policy Council）を設立し、2015年に市は食の安心・安全・安定をトップテンの優先事項にした。策定された計画では食に関しての戦略があり、都市農業の推進、地産地消、食育等のターゲットがはっきりと決められた。このような動きは都市農業に関して特に重要である。それは、都市農業は他の形態の農業と同様に、気候・土壌・社会条件などによって地域的に異なっているうえ、都市計画や国や自治体の法制度や政策も農業経営に影響を

及ぼしている。

　しかしながら、都市内部の農業は従来の都市計画では考慮されておらず、都市農業は近年登場した新しい概念である。都市農業の従事者は、政策的課題や経営知識の不足を革新的な経営方法で乗り越える必要がある。バンクーバー市で、半分の農業経営体がCSAモデルを利用しているというのも、そうした理由からである（Shutzbank, 2012）。

住宅地での都市型CSAとして

ヤミー・ヤーズの取り組み

　ヤミー・ヤーズ（Yummy Yards）が、最初に農場を手がけたときは、個人宅の庭など13か所の土地を使い、全部で0.3haの圃場であった。20代の女性二人で始めたのだが、一人が事故にあったことから、女性一人で続けることになった。2011年のシーズンは、ときどきボランティアが手伝いに来るようになり、2013年には7か所に分散した0.8haの圃場を耕作するようになっている。

　これは、スモール・プロット・インテンシブ・ファーミング（SPIn Farming：小規模集約農業）と言われるが、日本では、一般的な農家の有機農業のやり方である。CSA活動は最初のシーズンから取り組んでおり、CSA以外にはファーマーズマーケット・直売所、2年目からはレストランにも販売していた。ヤミー・ヤーズは多くの点から見てカナダの平均的なCSA農場である。新規就農、若手、大学卒、借地で多品目の野菜を生産している。しかしながら、CSAを利用するモチベーションはバンクーバー市特有の理由である。

　バンクーバー市では農業が都市計画に含まれていない。市内は、法律に基づく区域指定により農業禁止地域になっている。農地の登録ができないため、保険、ライセンスなどはとれない。このようなところで、なぜCSA農家は、農業をやっていけるかというと、個人の住宅の使われ

ヤミー・ヤーズは、カナダの平均的な CSA 農家である

ていない前庭と裏庭を使っているからである。住宅地での農業は法律違反とされている。しかしCSAは、農産物を販売しているのではなく、"メンバーシップ"を売っているという立場をとる。農業生産はしていないという立場をとっていて、そうしたビジネスの"ホームオフィス"として登録している。

　さらに、市内では土地の美観が規制されている。つまり、単一作物の農村風景は、都市にはふさわしくないという考えから、認められていない。この点、CSAでは、毎週、ボックスの中に、いろいろな野菜を入れることになるので、一つの畑に一つの作物だけを植えることはない。いろいろな種類の野菜を少しずつ全部の農地に植えて、ランドスケーピングのような風景にすれば、農業をしているというよりは、食べ物でランドスケーピングしている、園芸をしているということになり、CSAはその規制を乗り越えることができる。

　都市住民の希望に沿うことができ、さらに、消費者に向けて市場で販売しているわけではないので、土地利用規制を回避することが可能と

なっている。

「前払いシステム」による資金繰り

　資金繰りについて、都市農業は普及したばかりで、経営の成否がわからず、新規就農者が銀行などでローンを組むことはむずかしくなっている。その点、CSAでは「前払いシステム」なので、厳しい経営環境にある新規参入者の資金繰りの問題を解決できる。

　ヤミー・ヤーズでは野菜を約40種類つくっている。18週間のシーズン、毎週収穫した野菜をメンバーに配る。ユニークな支払いシステムを利用しており、450CAD（カナダドル）をシーズンごとに前払いし、さらに農家のサポートは現金（100CAD）。農家のサポート料金はメンバーの家庭により、現金の代わりにボランティア労働、材料や機械の寄付、他のサービス（例えばロゴのデザイン）で農家をサポートしたメンバーは3割いる。

地域の若者に農の機会提供

　2012年にはインターンシップ・プログラムを始めることにして、5月から9月まで、4人のインターンを入れた。インターンは、毎週16時間働き、その代わりに、野菜食べ放題と週1回の夕食と、ワークショップに無料で参加できる。2013年には、インターンシップの時間を延長して、3月から10月までとし、毎週の労働時間は12時間を短縮した。農家で働いたボランティアやインターンが夕食をともにし、その場がその週の問題点、意見、経験を交換する場となる。このような交換はCSAでなければ労働法規違反と見なされかねないが、野菜ではなく、メンバーシップを売っているコミュニティ活動という新しいビジネスモデルのため、労働交換もこの新しいやり方の一つとして受け入れられた。

　現在、都市部で育った人は農村生まれより多い。農村から都市部に移動する方法ははっきりしているが、その逆はむずかしい。農業を経験したことがない人は農作業を一貫的にやる機会はあまりない。このようなインターンシップで自分の農作業の自信を持つことができ、将来の農業を支える人を育てているとも考えられる。ヤミー・ヤーズの2012年・

2013年の8人のインターンのうち、5人は現在農業と関連する仕事に就いている。

「オーガニック」ラベルはないが

ヤミー・ヤーズには、カナダの平均的なCSA農場と同じようにオーガニック（有機）の認証はない。現在、都市部でも農業者が認証を取得することは可能であるが、都市のバッファゾーン（空き地）などを利用した耕作は対象とならない。ヤミー・ヤーズは、消費者に農法について説明するときには、「殺虫剤、殺菌剤、除草剤を使わない」と伝えており、オーガニックという用語を使うことはできない。

また、「ナチュラル・ファーミング」という表現は、ナチュラルの意味がはっきりしていないため、一般企業も加工品に利用したり、一般の農家も使用していたりするなど、消費者は「ナチュラル」という言葉に関して以前ほどの信頼を置かなくなっている。

ソール・フード・ストリート・ファームの取り組み

ソール・フード・ストリート・ファーム（SOLE Food Street Farm）は2009年に設立され、2012年に初めての農業を開始した。目的はバンクーバー市の麻薬中毒や犯罪の背景に苦しんでいる低所得者に雇用、農業訓練、農と食の連帯コミュニティへの参加機会を与えることである。ソール・フードは現在カナダでもっとも規模が大きい都市農場である。耕作する四つの圃場を合わせた面積は2 haである。バンクーバー市の利用されていない土地でプランターを並べて年間2万kgの野菜と果実を生産している。野菜はCSA以外にも、三つのファーマーズ・マーケット、レストラン、直売所で販売している。

ネット販売

最近のCSAが採用しているシステムでは、前払いではあるが、毎週、農家が収穫したものを配達するのではなく、クーポン・システムになっている。ソール・フードは最初に500ドルを預け、毎週、ファーマーズ・マーケットで そのクーポンを徐々に使っていくという仕組みである。

大きな都市農場のソール・フード・ストリート・ファーム

CSAのメンバーは他の消費者の値段より15％割引される。この方法は、提携システムとか、CSAの原則に従っているかどうかはわからないが、カナダでは今、議論になっている話題である。ソール・フードは2017年のシーズンはCSAではなく、マーケット・シェアと呼び変えた。

メンバーのモチベーション

ソール・フードのCSA（マーケット・シェア）に参加するメンバーのモチベーションは地産地消よりも、社会問題に向き合った活動を支援している。農家・農業者の顔を知るよりも、社会から排除された人に新たなチャンスがあるべきだと考え、環境に関心を持っているメンバーは農場が都市部の中心にあることで食べ物の流通距離を短縮していることを評価している。

アメリカ・カナダ CSA 憲章の制定

カナダで地産地消活動が増加していることは疑いない。ファーマー

ズ・マーケットが増え、CSAのメンバーシップを提供する農場が増え、地元産の季節のメニューがあり、一般の食料品店でも地元産品がある。その結果、消費者が地元の農産物を購入する選択肢が増えたことで、消費者はもはや地元の食料生産につながることをCSAに依存しなくなった。提供されているCSAのメンバーシップの数が増えていると同時に消費者の関心は低下し続けており、CSAの農場はたがいに競い合っている。 2017年の春、CSAの農業運動の中でこの「危機」に対処するために、カナダと米国のCSA農家とその支援者が集まった。

CSA憲章で参加を促す

この合同会議では、CSA活動は今後どうすれば継続できるのか。この危機への対処方法として、地域ネットワークとそれぞれのCSAは、国民の注目を集める手段としてアメリカ・カナダCSA憲章を制定し、新しい人々がCSAに加わるよう促した。憲章はCSAの参加者の権利、目標、または原則を示した 公式な文書である。CSA憲章に同意するCSA農家と地域ネットワークは、CSA憲章のロゴをウェブサイト、チラシなどに使うことでCSA活動に関しての意識を高めようとしている。この効果はまだはっきりとしていないが、CSA憲章は、CSAモデルを非常にユニークなものにする価値観と原則を再考するための重要なステップである。以下に、アメリカ・カナダCSA憲章（エリザベス・ヘンダーソンなどによる）[注8]の訳を紹介しよう。

アメリカ・カナダCSA憲章

個々のCSA農場とそのコミュニティ（共同体）が、自分たちに最も適し、この憲章の原則にも沿うものであることを相互に確認したCSAをつくることができる。

1. CSAのメンバーは、中間業者を介さず、直接、生産者または生産者グループから購入する

アメリカ・カナダ CSA 憲章のロゴ。ウェ
ブサイトやチラシなどに使うことで、
ＣＳＡの価値や CSA の意識を高めよう
としている。ロゴデザインはマッド・
クリーク・ファームのルースブラック
ウエルによる

2.　生産者はメンバーに、高品質で、健康に良く、栄養価の高い、地域
内で化石燃料の使用をおさえて生産された生鮮・保存食品、または繊維
を供給する。それらのメンバーへの配分の品は、基本的に農場内で生産
されたもので、もし仮に他の農場から購入したものである場合は、はっ
きりどこのものとわかるようにする

3.　メンバーは、契約書に署名し、いくらか前払いをすることで—フー
ド・スタンプ（低所得者向けの食料購入補助制度）使用者の場合でも最
低 2 週間分—農業生産に伴うリスクの引き受けを分担し、農の恵みの収
穫を分かち合うという CSA の責務を果たす

4.　農場は季節のリズムに合わせ、自然環境と文化的な伝統を尊重する
健全な生産を通して生物多様性を育み、そのことが、健康な土壌をつく
り、土壌内に炭素を貯留し、水資源を保全し、土壌、大気、水の汚染を
最小にする

5.　生産者とメンバーは、共同の生産者として相互の信頼と理解、互い
の連帯と責任を継続的に発展させるため誠意をもって励む

6. メンバーは、自分たちの食料を生産している大地とのつながりを大切にし、食料生産に関連する地域の自然特性を学び、理解することに努める

7. 生産者は、生産物が食料として安全で、最も新鮮で、最もおいしく、最も栄養価が高くなるように、食品安全の取扱い手続きを常に実行する

8. CSA の価格は、生産者側のニーズである生産コストと生産者及び農作業従事者の尊厳ある生活を維持するのに必要な水準の賃金と、メンバー側のニーズである入手しやすい手ごろな価格との公平なバランスを熟考する

9. 生産者は、作付け品目を決める際にはメンバーに相談して要望を採り入れるようにし、また、農場の現状についてメンバーに定期的に伝える

10. メンバーは、CSA における責任を果たすためメンバー共同体に協力する

11. 生産者は、地域に適応した品種の種子と畜産品種を最大限可能な限り使用する

12. CSA は、裕福とは限らない人にとっても、質の高い食料を入手することを可能にする、社会的包摂を高める道をめざし、そしてまた、CSA の数を増やし、CSA 間の協力を強めることによって CSA 運動を広める

　さらに、CSA憲章は、消費者を引きつけるだけではない。実際に
CSA憲章の価値と原則をどのように実行するかは、CSA農場が財政的
および個人的なライフスタイルの目標を達成するさいの障害を乗り越え
るにあたっての課題となり続ける。

　カリフォルニア州のデイビス大学のガルト（Ryan Galt）教授は、
2012年にCSAの批判的検討において、CSA農場で、自己搾取（みずか
らの貢献額を過小評価すること）と農家の低収入の改善に取り組んで
いることを取り上げた。すべてではないにしても、ほとんどのカナダ
のCSA農家は、米国のように農家主導で開始されている。したがって、
消費者側は、CSAの 考え方を理解し賛同することが必要である。

　ガルトが明らかにしたことは、農民が消費者にみずからが決めた価格
を提供しているが、自己搾取につながるというみずからのコミットメン
トを実証するかのように、その貢献額を過小評価している。これは、消
費者を獲得するためのCSA農場間の競争の激化を促し、さらに自己搾
取を悪化させている。

公正で公平なフードシステムに

　ますますグローバル化しているフードシステムの社会的および環境的
破壊の認識が高まっている。カナダ社会において、社会的および環境的
福祉への懸念を表明したい人々にとって地産地消活動は好ましい選択で
あるという暗黙の合意である。

　フードシステムは、生産者または消費者のみで構成することはできな
い。CSAモデルは、フードシステムのこれら主要な利害関係者の両方
が、それぞれがこのシステムの形成に積極的に参加し、交渉すること
ができるようにしている。しかし、CSAのメンバーシップは、他の製
品と同様に購入・販売され、商品化されている。消費者と生産者を集
めて生産と消費の成果とそれに至るプロセスを分かち合うのではなく、
CSAのメンバーシップは農民が生み出すさまざまな価値を象徴するも
のとして消費者が買っているだけの仕組みになりつつある。

CSAメンバーシップを提供している農場や店舗の数が増え続けている現在で、消費者・生産者のパートナーシップ、コラボレーションを深めないと、市場の気まぐれに従わなければならなくなる。今までの革新的なカナダのCSAの活動は、農民主導のものである。この成功を継続させるには、消費者を農民が農業や暮らし方などについて持っている価値観を共有するプロセスに導くことである。

CSA憲章は、非人道的性格を強めているフードシステムへの「異議申し立て」であるだけでなく、CSA運動の再構築に取り組むために、カナダと米国をまたいで巻き起こったチャレンジの第一歩である。

消費者と農民がつながり、公正で公平な地球規模のフードシステムについて共通のビジョンを共有することで、ローカルフードを選び取ることが、生きるための希望をつなぎとめるという可能性をCSAは示し続けている。

〔注〕
⑴現在の価値で217CAD（インフレ調整）、約1万9319円、2018/1/10 の為替レート
⑵Rudolf Steiner はバイオダイナミック（biodynamic）農法の創始者である。彼の考えでは農業は「農業のやり方」ではなく「生き方」である。消費者は一緒にその生き方に経済的以外に参加する必要があるという考えである。この考えが米国のCommunity Supported Agriculture運動に、あるインスピレーションを与えた。
⑶1999年に連邦政府が有機農業に最初に介入し、2008年に連邦基準が制定された。
⑷Dan Wiens: "In a sense, as a Shared Farmer I have become a seller of ideals. I introduce the concept to prospective customers as a social and economic system based on justice-justice for the environment (organic farming methods), justice for people (fair prices for the consumer and farmer alike); and justice for our culture (bringing people together as friends)." (Dyck, 1994)
⑸Smith, A., & MacKinnon, J. B. (2009). The 100-mile diet: A year of local eating. Vintage Canada.
⑹Pollan, M. (2006). The omnivore's dilemma: A natural history of four

meals. Penguin.

⑺426CADは約3万7927円、2018/1/10の為替レート

⑻日本有機農業研究会訳。訳者は久保田裕子・近藤和美。原則として翻訳原文のまま（2017）

〔参考文献・資料〕

Ableman, M.（2016）. Street Farm：Growing Food, Jobs, and Hope on the Urban Frontier. Chelsea Green Publishing.

Bryant, C.（2013）. The Social Transformation of Agriculture. The Case of Quebec.Social Transformation in Rural Canada：Community, Cultures, and Collective Action, 291-306, UBC Press.

Devlin, J., & Davis, M.（2016）. Report on Community Supported Agriculture in Canada.University of Guelph：School of Environmental Design and Rural Development.

Do, E.（2015）. Agriculture in an Urban Context：The Role of the CSA model as used by Urban Farmers in Vancouver, Canada. Agricultural Economic Studies（47）pp.16-31.

Dyck, B.（1994）. From airy-fairy ideas to concrete realities：The case of shared farming.The Leadership Quarterly, 5（3-4）, pp.227-246.

Equiterre.（2017）. Solutions：Individuals：Organic Baskets. https://equiterre.org/en/solution/organic-baskets

Forge, F.（2001）.Organic farming in Canada：an overview. Parliamentary Research Branch.

Gerriets, M.（2002）. Agricultural Resources, Agricultural Production and Settlement at Confederation.Acadiensis,31（2）, pp.129-156.

Hill, S. B., & MacRae, R. J.（1992）. Organic farming in Canada.Agriculture, ecosystems & environment,39（1-2）, pp.71-84.

Lowder, S. K., Skoet, J., & Raney, T.（2016）. The number, size, and distribution of farms, smallholder farms, and family farms worldwide.World Development,87, pp.16-29.

Russell, P. A.（2012）.How agriculture made Canada：Farming in the nineteenth century（Vol.1）. McGill-Queen's Press-MQUP.

Schutzbank, M. H.（2012）.Growing vegetables in Metro Vancouver：An urban farming census（Masters dissertation, University of British Columbia）.

Qualman, D.（2002, March）. Farmers' Opposition to Corporate

Globalization and Trade Agreements. Inconference From Doha to Kananaskis : the Future of the World Trading System and the Crisis in Governance, Toronto.

『Street Farm : Growing Food, Jobs, and Hope on the Urban Frontier』 Ableman, M. (Chelsea Green Publishing)

『Social Transformation in Rural Canada : Community, Cultures, and Collective Action』 Bryant, C. (UBC Press)

『Report on Community Supported Agriculture in Canada』 Devlin, J., & Davis, M. (University of Guelph : School of Environmental Design and Rural Development)

「Agriculture in an Urban Context : The Role of the CSA model as used by Urban Farmers in Vancouver, Canada」 2015年47号 (Agricultural Economic Studies)

「From airy-fairy ideas to concrete realities : The case of shared farming」 1994年 5号 (The Leadership Quarterly)

Equiterre. (2017). Solutions : Organic Baskets. https : //equiterre.org/en/solution/organic-baskets

「Organic farming in Canada : an overview」 Forge, F (Parliamentary Research Branch)

「Agricultural Resources, Agricultural Production and Settlement at Confederation」 2002年 31号 (Acadiensis)

「Organic farming in Canada」 1992年 39号 (Agriculture, ecosystems & environment)

「The number, size, and distribution of farms, smallholder farms, and family farms worldwide」 2016年 87号 (World Development?)

「How agriculture made Canada : Farming in the nineteenth century (Vol. 1)」 Russell, P. A (McGill-Queen's Press-MQUP)

「Growing vegetables in Metro Vancouver : An urban farming census」 Schutzbank, M. H (University of British Columbia)

「Farmers' Opposition to Corporate Globalization and Trade Agreements」 Qualman, D (Conference : From Doha to Kananaskis)

安全な農産物を供給し、緑地を守る
フランス・プレヌッフ農園

レンヌ第2大学　雨宮裕子

　アマップ（AMAP）の取り組み実践を、パリ近郊の「プレヌッフ農園」をもとに紹介する。この農園は、筆者の長男（エルワン）が脱サラをして、2012年の春に立ち上げた有機野菜の農園で、設立の準備から、地域のアマップ支援者たちの協力を得ている。立ち上げから7年が過ぎ、生産品目も増えて、農園の経営は軌道に乗ってきている。

　フランスでは、有機農産物の需要が高まっているときなので、新規参入には好機であった。長男がなにを考えて脱サラに踏み切り、どのようにアマップ農園を立ち上げ、どんな実践を展開しているのか、7年の歴史を振り返ってみよう。

脱サラで農地を探す

　長男は、もともと、パリの電子技術の最先端で働いていた。職場は、パリのハイテク産業が集中するデファンス地区の高層ビルで、電子機器の専門誌の編集者であった。家族は銀行員の妻と子どもが二人である。電子工学が専門だった彼は、最新技術に目がなく、家の中にはパソコンのゲームや、電子機器がいつもあふれかえっていた。それが、パリの14区のアマップの会員になってから、少しずつ変化していった。通勤の足

が車から電動自転車にかわり、休日は家族でサイクリングをしたり、援農に出かけたりするようになった。

2009年の春、長男のオフィスでは、合理化縮小がさらに進んだ。経費削減で、長男の担当が増え、同じフロアを他の会社と分割共有することになる。そんな労働環境に失望して、転職を考え始めたとき、子どものころ祖父の畑仕事を手伝った思い出がよみがえった。長男夫婦は何度も話し合って準備を進め、2009年の11月、長男は退職して、1年間の農業研修に入った。

農業を始めてから明るくなった父を見て、長男の家族は喜んだ。一家は、休暇を利用しては、仲間の農園を訪問したり、情報集めをしたりして、就農先を探し始めた。一度、南フランスの山の中で、新規就農の計画が持ち上がったことがある。農民仲間が誘ってくれたのだが、羊を飼ってチーズをつくり、石窯でパンを焼いて自営する計画であった。けれど、家計を心配する妻は、仕事を捨てるのに躊躇した。パン焼きの研修を受けてはみたものの、それを生活の糧にする自信はなかった。彼女は、自分が野良仕事には不向きだと痛感したのである。となると、パリ近郊に就農場所を探すしかない。これは難問であった。大規模小麦栽培地帯で、5ha前後の農地はめったに出ないからである。

長男は、アマップ農園を手伝いながら場所を探し続けて、妻が通勤可能な場所に農地と家が見つかったのは、1年後であった。就農地のロンポン市は、パリの南西25kmの場所にある。パリへの通勤圏で、都市化が進んでいる地区である。家も農地も本人の希望とはかけ離れていたが妥協しなければ、いつまでも就農できない。こうして長男一家がロンポン市へ移住したのは、2012年の秋、彼が40歳になったときであった。

農園立ち上げまでの準備

ロンポン市に農地が見つかったのは、そこにある唯一のアマップ農園で、1年間畑仕事を手伝っていたおかげである。長男は農業研修を終え

てから、希望に合う農地を探して、フランスの各地を訪れている。けれど、条件に合う就農地が見つからず、しばらくは通いで農作業を手伝うしかなかった。同じ働くならアマップ農園がよい。ロンポン市のアマップ農園が人手を探しているというので、そこに決めた。

まずは市民団体による開園

ロンポン市にアマップ農園を創設したのは、「ロンポンのパニエ」という、地域の市民団体だった。地域の食と緑と農を守る目的で立ち上げられた会で、環境問題に関心の高い住民が集まっていた。「ロンポンのパニエ」には、第1号のアマップ農園に入れなかった希望者が大勢いて、待機リストに名前を連ねていた。そして、もう一つアマップ農園をつくろうと、市議会に働きかけているところだった。彼らが、近隣の農家情報をあたっていると、農地を借りて麦と野菜をつくっている農家の話が舞い込んできた。

慣行農法で、約40haの畑を借りて営農を続けている高齢の農家で、そろそろ営農を縮小しようと考えているという。放棄状態にある場所を含む約5haの農地を、就農希望者に引き継いでもらってもいいとの話であった。相続で18に小分けにされた農地で、雑木林が間に挟まれていたり、水はけが悪かったり、農地としては条件がよくない場所である。けれど、「ロンポンのパニエ」の会員たちには、待望の農地であった。長男の就農を励ましてくれ、市の管理下に置かれた1haの農地の借り受け交渉もまとめてくれたので、本人の意思が固まった。

市管理地にアマップ農園を新設

大都市の周辺の農地は、フランスでも投機の対象になる。相続で分譲された農地を所有者は手放さず、農民と借地契約を結ぶのもよしとしない。放棄地のままになっていたり、借地条件が100ha一括でなければならなかったりで、野菜農家にはじゅうぶんな小規模圃場がなかなか見つからない。市の管理下にあった1haの農地は、農園の倉庫を建てるの

に適した道路沿いの平地である。放っておくと、不法投棄物の山ができたり、ジプシーの不法キャンプ地になってしまったりするので、行政も困っているところであった。その管理地にアマップ農園が新設されるのは、行政にとっても好都合な話だったのである。

長男は、国からの援助も受けている。40歳未満の若年新規就農者として約200万円の助成金をもらったほか、機材購入費の40％の助成も受けている。アマップの取り組み方については、第2章で紹介したヴュイヨン夫妻が来てアドバイスをしてくれた。ダニエル氏はパリの三ツ星レストランのシェフに在来種のトマトの味を認めてもらい、それを励みに昔からの野菜を掘り起こして栽培している。長男にも、そんな販路があることを示唆してくれたそうだ。

プレヌッフ農園の取り組み

長男は、就農が決まってから、雑木林を開墾して水を引いたり、土づくりをしたり、倉庫を建てたり、柵を巡らしたり、農作業を始められる状態にするまで、かなりの時間を費やしている。

「ロンポンのパニエ」のアマップ待機会員たちが、農園予定地の整備作業にとりかかった。畑地が整えば、すぐに作付けを始められる。週末になると、ボランティアがやってきて、雑木を切り倒し、根を掘り起こし、農園の準備が続けられた。作業は、作付けが始まってからもずっと継続され、やがて4棟の温室が立ち並び（1500㎡）、葉物野菜やトマト、ズッキーニ、ナス、ピーマンなどが栽培されるようになった。

ボランティア会員の協力で、2013年の春には、広さ266㎡、高さ6ｍの巨大な倉庫ができあがっている。温室の立ち上げ、シート張り、倉庫の棟上げなど、どの作業にも、「消費活動家」たちの応援は不可欠である。農園をともに生み出す作業は、アマップ会員の絆を深め、新規就農者の不安を和らげる。長男も、彼らの支援に大いに励まされていた。

農地は慣行からの転換（実際には放棄状態で土地が農薬汚染されてい

温室の立ち上げを手伝う消費者会員。4棟の温室が完成した

たわけではない）なので、3年は有機とみなされない。会員たちはそれを承知で農園の作物を引き受けている。プレヌッフ農園の消費者会員は、「ロンポンのパニエ」の会員で第1号のアマップ農園に入れなかった待機者と、口コミで集まった人たちである。立ち上げられた2012年の10月、会員はすでに超満員の85家族であった。

パニエの日

　プレヌッフ農園の野菜配布の日は、毎週水曜日の午後6時半から8時までである。アマップ会員が農園にとりに来るが、倉庫が建てられてからは、その一角が配布コーナーになった。机や、棚などの備品は、アマップ会員が、長男とともに廃品を回収したり、直したりして、少しずつ整えたものである。

　配布の日は、当番ボランティアが30分以上前に到着して、準備を始める。当番を引き受けたい人は、前の週にノートに名前を書き込んでおく。消費者会員は全員、少なくとも1回はやる約束になっている。コー

倉庫の一角でパニエの配布。その日のメニュー表を見ながら順番にひと回りし、受け取る

ナーに机が並び、その上に、野菜ケースが置かれると、当番の一人が、配る野菜のリストを掲示板に書き、はかりを用意する。切り分けが必要な野菜があるときは、包丁を置いた机も用意する。そのうち、大きな手提げ袋をもった会員が次々にやってきて、入口にあるノートの、自分の名前にサインをしてから、野菜を受け取っていく。プレヌッフ農園の場合、会員は地元の人たちなので、生産者がパニエを消費者の住む町まで運ぶ必要はない。みんな農園へとりに来てくれる。配布の仕方は、それぞれのグループが決めることであるが、パリのアマップの場合は、生産者が消費者のいる地区まで軽トラで運んでいる。

　プレヌッフ農園のパニエは通年契約である。毎週配られる約束だが、これまでの実績では、48週から49週の配布である。配布がなかったのは、とりに来られない人が多い、クリスマスから新年にかけての1週と、2月の端境期に入れるものがなくて休みにした1週くらいだそうだ。クリスマスを休みにするなら、その前に2週分を配布してはどうかという話になり、一度、前の週に2週分の野菜を入れたことがある。そ

表4-1　プレヌッフ農園の配布野菜リスト　　2014年5月14日

ジャガイモ…………500g	葉つき白タマネギ……6個
ニンジン…………6本	ダイコン…………1本
黄色カブ…………150g	パセリ…………1束
ビーツ…………4個	ルッコラ…………1束
ホウレンソウ………440g	サラダナ…………二つ
コールラビ…………1個	タイム…………1本

コールラビ。サラダやグラタンに用いる

うしたら、受け取った会員のほうが音をあげた。食べきれなかったのである。それで、2週分配布案は中止になっている。

収穫が多ければパニエの中身はふくれ、悪天候が続いて収穫が減ると、パニエは軽くなる。ばらつきがあるのを、会員はもちろん承知している。1回のパニエは25ユーロ（約3350円）相当だが、値段は、農民の生活が成り立つように、年間の収支決算から割り出されているので、1回分の中身と対応しているわけではない。消費者は、1年分のパニエを小切手で支払う。1回か分割かは、希望を会の会計に伝えておけばよい。長男の口座にお金が振り込まれるのは、2か月に一度ずつである。会員の誰かと組んで半分ずつ分け合う注文も可能である。

2012年の秋に、最初のパニエを配ってから1年が過ぎたころの配布野菜が、**表4-1**である。2018年の初頭には、パニエに常時20種の野菜が入るようになっている。ジャガイモとニンジンはいつでも入るよう保管計画を立てた。パニエは、重いときは20kg近くになる。

農民同士の助け合い

アマップは、パンのアマップ、卵のアマップというように、その品目の生産者ごとに、契約を交わすことになっている。一人の生産者が多種多品目生産をしているのであれば問題ないが、そうでない場合は、品目ごとにパニエの日と場所を設定しなければならない。配布の日に、生産者と消費者が顔を合わせるのが原則だからである。そうはいっても、どちらかに負担が大きすぎれば、アマップは続かない。どのグループも、工夫しながら妥協点を模索している。

プレヌッフ農園には、ときどき自家製のパスタを持って来る有機農家がいる。彼は17kmほど離れた町で、両親とアマップ農園をやっている。消費者会員が180名もいる大きなアマップである。彼の農園では、野菜の他に小麦を大規模につくっていて、その粉からパスタをつくるようになった。それを、自分のアマップの会員だけでなく、プレヌッフ農園のアマップ会員にも味わってもらおうと、お試し配布にやってくるのであ

手づくりパスタを宣伝する農民仲間のラファスさん。背後にあるのは筆者がプレゼントした千葉の大漁旗。通路、間仕切りに生かす

る。パスタは乾物なので、毎回運んでこなくても会員の了解が得られれば、ほかのアマップでも扱ってもらえる。会員にとっても、品目が増えるのは好ましい。

　そんなわけで、農民同士の協力が実現する。助け合う関係を築くのは大切である。小規模経営農家の暮らしは、有機であっても決して楽ではない。現に、農業人口の減少には歯止めがかからない状況である。パリ近郊では特にその傾向が強く、近年では、毎年2000haの農地が、市街化整備地区に転換されて消えている。^(注2)

ロンポン市との共催の食教育

　2014年の５月、ロンポン市が日本文化を紹介する月間行事を組んだ。食教育は、アマップ運動が掲げる大切な使命の一つである。食べきれなかったり、食べ方がわからなかったりして、パニエの野菜を使いきれない人がいるというのは、よく聞く話である。つくる側にとって、これほどふがいない話はない。そこで、プレヌッフ農園では、パニエの野菜を残さずおいしく食べてもらうために、和食のレッスンを企画した。和食は野菜の使い方が細やかで、素材を活かすという定評がある。

　消費者会員のなかには、近くの療養クリニックのレストランの若い日本人シェフがいる。私とシェフの二人で、野菜の和風の食べ方を教えてもらえないかという。日本人のシェフの下田信行さんは、関西の料理専門学校で和食を勉強してから、フランスへ料理修行に来ていた。パリのレストランで、野菜を主にする和食のメニューができる腕を買われて、食養を重視するクリニックに引き抜かれている。クリニックには、術後の療養滞在施設があり、その療養者たちに、院長はプレヌッフ農園の有機野菜を入れたいと連絡をしてきた。その縁で下田さんも自宅用にパニエをとるようになった。

　私は、野菜の味を活かすメニューを考えた。それが、「きんぴら」「味噌汁」「天ぷら」の三品だ。使うのは、畑でとれたばかりの野菜である。

ゴボウは、フランスにも似たような野菜があるのだが、あくも香りもなくて、「きんぴら」にはならない。「きんぴら」用には、農園のまわりに自生している野草を使うことにした。野草のゴボウは、香りはあるものの、抜き取るのが大変である。それでも、長男が用意しておくという。ニンジンは、最盛期で畑にいくらでもあり、ズッキーニも取り放題で、てんぷらには花の部分も使える。「きんぴら」と「てんぷら」の材料がじゅうぶんそろうことがわかったら、話が大きくなって、アマップのメンバー全員にふるまえるよう、和食のレッスンで100人分用意してくれと頼まれてしまった。

和食のレッスン

　当日、生徒は8名で女性7名、男性1名であった。全員包丁とエプロンを持参し、衛生キャップをかぶっての参加である。和食に興味があったり、日本に行ったことがあったり、みんなとても張り切っている。

　レシピを渡して、和食の説明を簡単にしてから、「きんぴら」づくりを始める。ところが、ここで大問題が起きた。ニンジンを、まず斜めに薄く切って、それを千切りにするところで、つまずいてしまったのだ。この作業が、フランスの包丁では、うまくできないのである。日本の菜っ切り包丁は、背の部分が薄いので、野菜を薄く切ることができる。ところが、フランスの包丁は、背の部分に少し厚みがあるので、にんじんを薄く切ろうとすると、歯が下まで通る前に身が割れてしまう。そんなこともあろうかと、私が持参した数本の包丁を渡して、その使い方の説明からすることになった。指を切らないように、野菜を押さえ、押して切っていく。100人分の野菜を切らなければ、調理に進めない。みんな黙々と切り続け、下田さんとそのアシスタントの手助けで、1時間かかって下準備ができた。

　残念ながら、納屋の調理場は未完成で、水道もガスも設置されていなかった。水道は納屋の外にしかない、ガスはボンベを使ったにわか仕立てだったので、調理は説明だけにして、参加者たちには試食を待っても

なれない包丁で野菜を切る会員

和食の食材を説明（筆者）

　らうことにした。それからは、下田シェフとアシスタントと私の3人で、ひたすらてんぷらをあげ、きんぴらをつくり、特大の電気釜でごはんを炊いて調理し続け、やっと参加者にできあがりをふるまったら、パニエ配布の時間になっていた。配布机のおしまいに試食コーナーを設けたら、夕食が迫る時間なので、みんな大喜びで食べてくれ、大鍋にたっぷり用意したワカメの味噌汁も、すっかり空になった。

広まる和食の食材

　有機食品の普及と並行して、和食も広く知られるようになってきた。日本人以外の経営者が参入する寿司市場が拡大し、健康食品ブームで和食が注目されるようになったのが大きな理由であろう。もともと、和食の食材は、自然食品店に、健康食品として並んでいた。緑茶も健康志向の人に好まれて、伸びてきている。フランスは食文化の国なので、体によくて、おいしいなら、誰でも興味を持つ。レンヌのような地方都市のスーパーにも、寿司のキットが並んでいて、フランス人がMAKIと呼ぶ

巻きずしが、簡単につくれるようになっている。

　有機食品店に行けば、イタリア産のジャポニカ米「ゆめにしき」があり、ブルターニュ地方の海岸でとれた海苔とワカメと昆布があり、それでつくられた昆布の佃煮も売られている。自然食品店でコレステロールを下げる効果があると売られていた干ししいたけだが、今では生しいたけが普通にスーパーに並んでいる。レンヌ市の近郊で、もう20年以上前から栽培されているからである、日本の水産加工業者が指導してつくられるようになったすりみかまぼこは、フランス人の食卓に定着して久しい。鰹節も、ブルターニュのコンカルノー市で今年から生産が開始されて、固形の味噌汁のもとと一緒に売られている。味噌、醬油、梅干し、緑茶、コンブ、ヒジキ、しいたけ、ゴマ塩、しらたき、そうめん、うどんなどなど、和食の食材は身近で手に入る。日本の伝統食が、健康食としてここまで広まっていれば、アマップ会員の関心が高いのもあたりまえである。

環境に負荷をかけない手づくり農具

　安全な食の農を心がける農民も消費者も、環境に配慮のあるエコな暮らしを心がけている。消費者会員は、車より自転車を使うようにしているし、農家は、CO_2 を排出する農機具はなるべく使わない工夫をしている。

　プレヌッフ農園のトイレは水洗ではなく「猫トイレ」であり、生ごみを集めて、堆肥に切り替える場所もできている。長男は、自転車の車輪を使った、種まき機を自分でつくって使っている。アマップの消費者ボランティアには、エンジニアがいたり、大工マニアがいたりして、みんなが寄り合うと、意外なアイデアが浮かぶらしく、それが楽しくて、週末になると有志が集まってくる。農機具をつくったり、納屋の改築をしたりして、農場の作業を手伝いながら、大工仕事を楽しんでいるのである。

手づくり農具の使い方を説明するエルワン（筆者の長男）

　手作業を楽にする農機具には、日本ならではものがいろいろある。狭い農地で、多品目の野菜をつくって来た日本ならではの農機具はフランスの有機野菜農家に喜ばれることが多い。長男に頼まれて日本から取り寄せた種まき器は、手のひらサイズで、種の穴の大きさが変えられる仕組みである。便利さを実感した彼は、さっそく農民仲間に貸してあげて、喜ばれている。和食の食材だけでなく、日本の農具にも、手づくり農業を心がけるフランスのアマップ農家に見直されてよいものがあるように思える。安全な食と農を守る人々の連携は、ローカルからグローバルへ視点を広げていくときではないか。

アマップ農民の暮らし

　長男は今、次のアマップ農園の立ち上げを手伝っている。ロンポン市に、野菜の生産者が新規就農すれば、生産者同士の連携ができる。技術や工夫の交換だけでなく、交代で休暇をとることもできるようになるの

で、なんとしても農民仲間を増やしたいのである。プレヌッフ農園の立ち上げには、行政の支援があり、地域の消費活動家たちが積極的に手を貸してくれた。無からの新規就農は、アマップのような支援組織がいてくれなければ、軌道に乗るまでがたいへんである。

　プレヌッフ農園は、立ち上げられて7年になり、参加希望の消費者に欠くことはない。この7年で、パニエをどっしり重くした実績は、会員たちの認めるところである。けれど、新規就農した長男の暮らしは、ゆとりのないままである。年じゅう不休で、週平均の労働時間は60時間をゆうに超える。それでいて、収入は同年代のサラリーマンの年収中央値にも及ばず、妻の収入がなかったら、家族4人の今の暮らしを支えるのは困難である。

　長男は、個人経営の自営就農者である。税金は家族申告になるので、妻の収入との合計に課される。彼の農業所得が少ないので、一家が支払う所得税はわずかであるが、農業者の社会保険料（年間140万円弱。1ユーロ126円換算）や借地、種苗、資材、雑貨などの必要諸経費を引いた実収入は、2017年の決算報告によれば、1万6725ユーロ（約210万円）にしかならない。この年、彼は60軒の消費者会員と1年間のアマップ契約を結んで有機野菜の生産に携わっている。農園には就農実習の女性労働者が一人来ていて、30軒分のパニエを担当したので、二人で計90軒のパニエ野菜を生産配布したことになる。

　本人は脱サラを後悔してはいないが、農園は借地であり、本人が希望する有畜多品目経営でもないので、次のステップを自問中である。とりあえず、農業収入を上げる改善策として考えているのは、販路の多様化である。アマップにのみ農産物を供給するのではなく、地域の有機食品店に卸したり、学校給食に入れたりして、農産物の流れを多様化するのである。フランスでは2020年に向け、有機の圃場を20％にひきあげ、学校給食を少なくとも週に一回は有機にすると政府が目標を掲げている。地域の学校給食に入れられれば、子どもたちへの教育的効果もある。また、地域のマルシェでの共同販売に農民仲間が誘ってくれたので、試し

に参加してみるそうである。長男の名前が前面に出る農園ブランドなので、家族4人で知恵を寄せ合い、シンボルマークとブランド名を検討中である。

提携もある自立経営をめざして

　長男は自分のブランドを確立し、自立自営へ向かって歩み始めている。農園はアマップ丸抱えではなく、アマップとの提携もある自立自営をめざしている。アマップの消費者会員たちとの協力関係も、農民仲間との協力関係も、自身が自立していなければ、対等な互助は不可能だからである。アマップの消費者会員が増えれば、総会での力関係のバランスはますます悪くなる。生産者一人にたいして、消費者数十人という構図では、生産者にプレッシャーがかかるのは当然で、長男も総会の前になると、イライラしたり、落ち込んだりで、家族を心配させている。

　実際、有機食品が身近にいくらでも手に入る昨今では、アマップに取り組む意味が違ってきている。有機食品を求める消費者が増え、農薬や除草剤の危険性についても、メディアから常時、多くの情報が流されている。アマップ1号が誕生した2001年当時とは、明らかに異なった状況である。それでいて、農を生業として生きる農民への関心や支援が高まらないのはなぜだろうか。アマップの消費者会員のなかには、買い支えるだけで精一杯の人も多く、援農にはまだまだ人手が足りないと、長男はなげいている。

　グローバル化する経済は、有機農産物さえも、商品として流通させるので、その向こうに生産者の姿を見えにくくしてしまった。有機ラベルが顔と顔の見える関係の代わりに安全を保証するのである。アマップの会員の多くは、仕事帰りに週に一回野菜をとりに農園へ寄るのが精一杯で、野菜の良し悪しを見ることはあっても、その向こうにナメクジを一匹ずつ手で除ける農民の姿まで思いが至らない。有機農産物は大型営農者や企業がさらに力を入れていく。つくる人の顔が見えないラベル有機

が市場を席捲して、小規模農民は苦戦を強いられ続けるのかもしれない。

　それでも、長男はアマップ仲間と農園を続けるという。自分の家族の食の安全を確保し、近隣の子どもたちに食と環境の保全を教えていく。地域の人たちに、安全な農産物を供給し、緑地を守る。それが、今の人生の選択であり、生きがいなのである。そんな父親の考えを娘も息子もよく理解していて、週末に畑を手伝いながら、応援している。二人とも、父の有機野菜が自慢で、マルシェの手伝いを楽しみにしている。自営自立の確立へ向けて、親と子は、今、歩みを一つにしている。

　　プレヌッフ農園　Ferme des Prés Neufs
　　住所　90 Rue de Villiers, 91310 Longpont-sur-Orge
　　http://fermedespresneufs.blogspot.com/
　　農園主　エルワン・アンベール Erwan Humbert
　　携帯電話　06 60 39 12 66
　　パリから電車（RER の C）で Ste Geneviève des Bois 駅まで30分、駅から歩いて15分
　　配布曜日・時間　水曜日の18時30分から20時

〔注〕
(1)パリを含むイル・ドゥ・フランス（Ile-de-France）地方は、小麦生産が主流で平均耕地面積は112ha。農地の宅地化が進み、農業人口は減少の一途でここ40年間に3分の2になっている。
(2)http://www.ile-de-france.chambagri/fr（イル・ドゥ・フランス地方の農業会議所サイト）

第5章

Community
Supported
Agriculture

改めて CSA と
産消提携を考える

野菜セットを受け取る（茨城県・つくば飯野農園）

有機農業・産消提携の動向と CSA の可能性

三重大学大学院　波多野 豪

産消提携を取り巻く現状

　平成11年の『環境白書』において米国におけるCSAが紹介され、その「地域が支える農業」という表現の魅力によって、地方行政などでも取り上げられるようになった。このCSAの原型は日本の有機農業運動における産消提携であるという言説が、関係者には広く知られている。実際には、Steven McFaddenによる米国での有機農業の歴史記述[注1]によれば、米国でのCSAの源流は、ドイツ、スイスに遡るとされ、日本の産消提携活動がいつ欧米に紹介され、影響を与えたかは明確ではない。

　スイスのCSAのメンバーに霜里農場（埼玉県小川町）での研修経験者がいたとか、婦人之友社の関係者がカナダでの講演で、日本には生活クラブという会員数十万人規模のCSAがあると紹介したとかの伝聞は残されているが、おそらくは、欧米での一定の展開を経て、世界の情報が共有される状態になった時期に、日本の産消提携がCSA以前に同様の内容をもって取り組まれていたことが知られるようになった、というのが実際のところであろう。生産者と消費者が直接につながるという実践は、地域を問わず生まれているのではないか。

　一方、皮肉なことに、その原型となった国内での産消提携の活動は停

滞、もしくは縮小の一途である。もっとも、有機農産物を取り扱う事業体は拡大しており、それは消費者の増加を伴っているはずである。原型としての産消提携（CSAにおいても true CSA という概念がある）への参加者は減少しながらも、従来の市場流通チャネルによらない有機農産物の取り扱いは多様化しており、それらを発展形態と捉えるならば、需要の縮小という評価はあたらない。

　現在、各地で取り組まれている地産地消運動も従来とは異なる農産物のやりとりを実現しているかについてはさておき、生産者と消費者との関係を新たに捉え直すという意味では、産消提携の間接的影響を強く受けているといえよう。

　多くの地産地消運動と産消提携との大きな違いは、生産者の顔ではなく、消費者の顔が見えないところにある。消費の存在を市場と捉えれば、産消提携は生産者・消費者ともに顔の見える存在として市場が形成されていた。しかし、現在、日本国内に存在しているものは、有機農産物市場ではなく、健康食品市場もしくは安心食品市場であって、産消提携の参加者のような、日常的に確実な消費を約束するものではなく、食卓のバリエーション、もしくは選択肢の一つとして、ときおり有機農産物も購買の対象に加えるという消費市場である。現在の日本の有機農業は、こうした市場に支えられて存在しているといえる。

　こうした状況にたいして、産消提携の展開においてなにが問題であったかと考えるとき、現実の困難な状況とともに、ここに至るまでの「運動」としての停滞と、ビジネスとして注目を浴びる現状が対比される。株式会社の農業参入がとりざたされているなかで、ビジネスがめざす農業は慣行農業からある程度差別化が可能な農業であり、有機農業がターゲットであることは現実の動きからも論を待たない。内食率が低下し、外食、中食率を高めている消費者にとって、流通業だけでなく、外食産業が有機農業に進出することは、その事業の成功の可能性はさておき、おおむね歓迎されているのではないか。

　このような、地産地消運動、ビジネス動向などの国内外からの影響と

提携特有の内部要因とは、いかにかかわるのであろうか。現在の食の安全をめぐる環境変化は提携運動を後押しするものではないのか。CSAならばそれらを克服できるのであろうか。最後にこうした問題について、産消提携運動の展開過程を踏まえて今後のCSAを位置づける考察を試みたい。

産消提携の現状と課題

有機JASの法制化によって、認証を受けた生産者の数が確認可能となり、国内の有機農産物市場の規模は徐々に明らかになりつつある。当初1万人程度と推定された国内の有機農業者であるが、農水省の集計による認証取得者は2018年3月現在の累積総数で約4000名程度となっている。しかし、公表されている毎月の認証取得者を12か月ごとに積算し（認証は1年ごとに再申請の必要があるため）、推移を確認すると、実際は3000名を割ることになる[注2]。ただし、この数字はあくまで、認証を取得した農家の数であり、従来の産消提携によって支えられた農家には、認証を取得せずにみずからの有機農業を続ける例も多く見られるのは周知のとおりである。

そうした農家を支えてきた産消提携については、現状の困難がいわれており、**表5-1**に示すように、地域的な事例ではあるが、国内では有機農業の盛んな地域として知られる兵庫県での産消提携団体の参加者数の変化によってそれを確認することができる。

JAS法改正以降、有機農産物の供給チャネルが増え、巷間いわれるように、苦労なしに消費者の手に入るようになったかといえば、かえって店頭で有機農産物を見かける機会は減少したという報告もある[注3]。提携参加者の減少には、さまざまな主体的要因、外部要因が考えられるが、有機農産物の入手チャネルの増加よりも、提携に参加していた主体の変化、有機農産物の市場進出にかかわる変化、さらには、社会全体の環境変化の影響のほうが大きいように思われる。

表5-1　産消提携への参加者(消費者)数の変化

単位：人（世帯）

団体名	成立年度、参加者数 (max → 1996 → 2004 → 2018)
提携団体	
食品公害を追放し安全な食べものを求める会	1974年、1300 → 450 → 350 → 215
良いたべものを育てる会	1976年、　500 → 340 → 235 → 120
鈴蘭台食品公害セミナー	1976年、　900 → 500 → 300 →解散
有機農業による生産物を広める会	1980年、　530 → 280 → 180 → ?
姫路ゆうき野菜の会	1983年、　280 → 150 → 130 →　90
菜のはなの会	1986年、　250 → 200 →　?　→ 230?
事業体	
神戸消費者クラブ	1990年、　200 → 1200 → 1620 →別会社に経営権移行
ネットワーク町と村をつなぐ	1994年、　300 → 700 →解散

資料：兵庫県有機農業研究会2004年度パンフレットおよび筆者聞き取り調査

　現在は社会全体においても、共同購入のような協働作業を必要とする活動、協同を求める運動の停滞が見られ、かつて影響力を有した団体の活動も多くが活力を失い、かつ労働組合や生協、大学生の自治会などはいずれも組織率の低下が問題となっている。

　一方で、このようなリジッドな組織を必要とせず、個人の価値観において自由に参加できる環境保護運動や福祉にかかわるNPO活動などは活性化している。

　社会運動としての評価に関しては、環境保護運動は公的な動機を有し、一方で、有機農業運動は農家の存続や家族の健康などの私的な動機を有するものであるという表面的な理解も遠因となっているかもしれない。だが、提携運動の組織戦略の不備を反省するならば、現在の停滞を社会環境の変化のみに求めることは戒めねばならない。環境保護運動や福祉にかかわる活動と提携運動の目標は共通であり、健全な社会をつくっていくための活動である、という連帯表明や、こうした活動との提携を組織することができなかったことが指摘されるべきであろう。

「困難は外部からもたらされるよりは内部からもたらされる」^(注4)とは、かなり政治的な意味合いでの箴言（しんげん）であろうが、内部の諸要因についての考察を進めるためには、参加主体の側のライフサイクルの変化、生活時間帯の多様化、共同作業の忌避傾向、また、組織構造では会員・スタッフ（組織的意思決定に影響を与える層）の世代交代の停滞といった参加主体や内部構造にかかわる要因や、産消提携運動の展開過程の確認など、多くの作業が必要となる。まずは、70年代からの展開過程をたどりながら、トピック的に提携の抱える問題を指摘したい。

産消提携運動が有した契機と方向性

市場の外での消費者の誕生

　70年代当初、有機農産物は欲しいが市場に流通していないことを知った消費者は、同時にそこでは使用価値と交換価値が一致していないこと、農産物の評価にふさわしい基準が採用されていないことに気づく。市場評価において、品質がよいものとは外観のよいものを意味するが、有機農産物の場合、農産物本来の価値である栄養価・風味は高いとしても、外観は悪くなりがちである。店頭に並ぶ農産物は、外観のみで売れていく。これは、店頭において情報の非対称性の解消される属性が外観しかないということでもある。しかし、外観以外の農産物の価値に気づいた消費者は、従来の栽培方法では外観はよくなっても内実をかえって損ねることを知ることにもなる。

　従来、量が過少で市場で扱われないものは、共同購入や産直によって流通していた。有機農産物の場合も、結局生産者と直接結びつく方法をとらざるをえないが、その方法を産直と表現すると流通段階の中抜きによる低価格志向のイメージが強い。産消提携は、あくまで、生産者と消費者が価値観を共有するものとして対等の立場でつながることをめざした表現であった。既成の生協や提携先の農協などが、当初、産直提携の

表現にとどまったのは、購買力の結集による低価格購入が組織の基本原理である以上、当然とは言える。^(注5)

消費者と生産者の出会い

有機農産物への需要が誕生した当時、それに近いものをすでに生産し、一定の供給を約束できた人々は自然農法の実践者であったろう。彼らと出会えない消費者は理念を共有できる農業者に慣行農法からの転換を依頼することとなる。

農法転換を請われた農家にとって、慣行農法と有機農法では技術的にどれだけの相違があるものとして受け止められたであろうか。いずれを採用するにせよ対象は土壌であり、植物体である。微生物も植物生理も異なるものではない。つまり、対象は同一で基本的な技術はほとんど重複しており、技術採択の基準が異なるだけであり、有機栽培技術は、慣行栽培の全否定から出発したものではない。

有機農業技術の全体的な水準が、一楽照雄氏（有機農業運動の提唱者）によって示された「いったんは従前の方法に戻るほかない」という出発点から、どれだけの進展を示したかについては議論が分かれるところである。だが、現状の行政等の農業技術指導者に端的に見られる「有機農業を知らないので指導できない」という姿勢は、こうした根拠とは別のところに根ざすものであろう。

一方、有機農業運動は、栽培技術の普及運動ではなく、受け皿としての消費者の拡大をめざすものでもない。産消提携を、その言葉どおりに立場の異なるものが共通の状況認識と目標をもって活動するための関係構築と位置づけるならば、状況認識としては食の危機、ひいては農の危うい状態があり、目標としては有機農業が可能な社会の構築があった。

その具体像は、単なる有機農産物の市場供給の実現ではない。当初は、消費者として参加する側に「スーパーで有機農産物が買える社会にする」という素朴な意識が見られたが、それが一定程度実現された今日の現状が、有機農業運動のめざしたものであったとは思われない。消費

者が、受け皿としての存在ではないならば、積極的な共同作業として、独自の有機農産物基準の策定が目標とされてもよかったであろうし、資材、種子の提供をおこなう企業を育成するなどの提携団体間の提携が実現してもよかったであろう。提携としてのやりとりにおいて、JAS基準に担保された完成品を求めるようになっては、もはや運動や提携ではありえない。

両者による提携の軌跡

以上のように、国内の有機農業運動は、まず、産消提携運動として出発し展開することとなった。提携運動以外に有機農業運動を支えたのは、各地の自然食品店による有機農産物の取り扱いであった。こうした直接の農産物の取り扱い以外にも、JICC出版局（当時）や柏樹社、亜紀書房、晶文社、三一書房といった、決して大手とはいえない出版メディアによる、有機農業やオルタナティブな生活スタイルの提唱が当時の有機農業運動を情報面で支えることとなったはずである。三里塚の農民支援の活動は、有機農産物や提携以外の結合要素によって農業を支え、やがてその農業が有機農業として展開していくこととなる。

提携の展開過程にはいくつかのエポックが確認できる。まず、70年代の、高畠町（山形県）や市島町（現、丹波市。兵庫県）、三芳村（現、南房総市。千葉県）などの生産者が、それぞれの消費者団体との出会いから活動を開始し、現在の運営方法に至るモデルを模索し始めた時期。次に、80年代の、大都市だけでなく地方の都市部でも有機農産物を求める消費者の団体が生まれ、それぞれの生産者と結びつくことで提携運動が地域的に拡大し始めた時期。そうした試行錯誤の結果、その地域や参加者に合った提携形態や運営方法が多様化し、消費者の離合集散によって、さらに活動が展開し始めた時期。これらを、活字媒体に残る記述をたどる形で**表5-2**に示す。

それぞれの時期に掲載された小見出しや要約的表現を見るだけでも、産直の流れとして捉える見方と、中抜きによる低価格での共同購入をめ

表 5-2　発表媒体に見る提携運動の展開過程

小見出し：著者『発表媒体・発表場所』、発行年度、当該頁

人のぬくもりで広がる有機農産物流通：荷見武敬『有機農業への道』1977,p.231

有機農業で提携する：保田茂『産直』ダイヤモンド社 ,1978,p.113

産直から提携へ：桝潟俊子『日本の有機農業運動』日本経済評論社 ,1981,p.155

共同購入としてではなく考える素材として：槌田劭『共生の時代』樹心社 ,1981,p.58

市場システムにかわる相互委託システム：保田茂『日本の有機農業』ダイヤモンド社 1986,p166

産直の二つの流れ：古沢広祐『共生社会の論理』学陽書房 ,1988,p.149

産地直結運動：飯沼二郎「近代農業と有機農業」『有機農業／国民の食糧白書 '89』亜紀書房 ,1989,p.143

提携からビジネスへ：桝潟俊子『多様化する有機農産物の流通』学陽書房 ,1992,p.9

専門流通事業体の運動体的性格：波夛野豪『有機農業の経済学』日本経済評論社 ,1998,p.145

有機農業運動は住民運動である：保田茂『食べ物と健康』NO.32,1975,p.28

生産者と消費者の組織的提携：保田茂『土と健康』NO.65,1978-1,p.5

生産者と消費者の提携の方法についての 10 原則：第 4 回全国有機農業大会 ,1978-11

生産者と消費者の提携の方法：学習会資料『土と健康』NO.111,1981-11 巻末

原則の完全実施例はないが指針に従っている：一楽、天野『土と健康』NO.169,1986-9,p.20

運動の重点を消費者に移し：一楽照雄『土と健康』NO.176,1987-4,p.4

私の産消提携（安定価格、安定出荷）：大平博四『土と健康』NO.195,1988-11,p.17

"生産過剰気味"で考えるべきこと：分散会報告『土と健康』NO.203,1989-7,p.24

有機農業ブーム、提携の危機感：菅伸太郎『土と健康』NO.208,1989-12,p.1

共同購入型運動は困難に直面：槌田劭『土と健康』NO.279,1996-1,p.10

提携原則の書き換えの必要：窪川眞『土と健康』NO.282,1996-4,p.1

提携と基準：有機農研に一言『土と健康』NO.297,1997-8・9,p.9

JAS 法改正時の附帯決議 "提携への特別の配慮" はその後実行されたのか：本城昇・久保田裕子・横田茂永『土と健康』NO.324,2000-4,p.30

注：表の上段は書籍媒体、下段は雑誌媒体による

ざすだけでなく、有機農業を支援し、実現する運動としての提携の捉え方が交錯しながら、90年代の多様化段階を経て、ビジネス化の流れを伴いつつ、運動体的性格を保持している状況が確認できる。一方で、80年代には、安定価格、安定出荷を実現しつつ、すでに供給過剰傾向を示していたことも見て取れる。固定的な取り引きにおいて安定価格を実現した当然の結果ではあろうが、後の困難を招来する一つの要因であったといえよう。

このように、提携の内部に現在の困難の要因を求めるならば、多様化の時期にそれまでの試行錯誤の結果見えてきた問題を解決できなかったことがあるのではないか。生産者、消費者双方に30年間の実績を踏まえてなお、不満が蓄積したまま残っているように思えてならない。

提携の内包する問題

「顔と顔が見える関係」の再検討

今や、一般の市場流通にも採用されることとなった「顔の見える関係」であるが、産消提携が唱えてきたのはあくまで「顔と顔が見える関係」という双方向のものであり、直売コーナーに生産者の顔写真が貼ってあればそれで事足りるものでないことはもちろんである。本来の意味は、生産物の供給やそれを受け取ったという行為がおたがいに確認され、そのことによっておたがいの存在が確認できる（顔も想像できるかもしれない）というものであろう。

しかし、顔が見えないと安心できない、知っている人だから安心できるとはいかにも狭量な判断基準ではないか。見知らぬ者同士であっても信頼し合える方法をわれわれはもたないのであろうか。たとえば、あの団体と長年提携しているのならば安心である、あの流通事業体ならばきちんとしたものを扱っている、というネットワーク的な情報連携による安心感はありえるであろう。現在のわれわれは、顔が見えなくても安全

を保証する方法として、多様化した情報メディアをもっているのではないか。援農や実践的な学習機会の減少を情報の増加・多様化で補償できないだろうか。こうした情報交流による認識の広がりを「運動」と称してきたのではないのか。

産消提携において生産者と消費者は、「生命の委託関係」と称されるが、実際には、供給不足のさいに見られるように、消費者には調達先の選択の自由がある。一方、生産者には複数の出荷先を確保しているケースもあるが、多くが市場出荷のルートを絶っているだけでなく、生産物自体が市場出荷に適合しないものとなっている。両者の委託関係は非対称である。

しかし、選択の自由のある消費者の側にはなおさらに、みずからを律する必要があり、ふだんの学習や援農、流通の実作業、消費者を広げる活動など、消費者運動というべき内実がある。一方で、生産者は集落の中などで「運動」をしてきたであろうか。かえって、みずからの出荷枠を確保するために、新たな生産者の獲得には積極的でなかった一面がありはしないか。消費者の活動に匹敵するような学習活動がされなかったことが、石鹸使用率の低水準に現れていないだろうか。生産の規模が消費者の規模に規定されるとはいえ、みずからの活動も消費者のレベルを超えないものに収めてきた傾向が多くの生産者団体で見られることも事実である。

有機農業（農業全体）が本来（現在）果たすべき機能は、有機農産物（食べ物）の生産・供給だけでなく、環境を更新し、健全なものとして提供することである。したがって、有機農業がその機能を発揮するためには、生産物のやりとり以外にも環境という要素を介した両者のつながりを模索する必要がある。産消がたがいに顔が見える関係を継続できるならば、その結合形態は多様でよいはずであり、産消提携の継続を実体の組織の維持とのみ捉える必要はない。生活者として、環境の享受者として産消は同じ立場であり、共通の立場と目標を認識すべきである。生産者が農産物を供給し、消費者が購入するだけでは、対等の関係に立て

ないことを指摘したい。

　規模の問題に関しては、提携の原則自体に大規模化の回避がある。しかし、どの規模を回避し、どのくらいの規模を適正とするのか、実際に明示されたことはない。例えば、生産者と消費者の比率がどの程度ならば、運営が円滑である、という議論は見られない。また、どの程度の購買力を結集すれば、生産活動を支えることができるのかについては、運動という拡大志向を有する性格上、議論は避けられてきた。一定規模に到達すれば、自動的に分離増殖するような組織のオートポイエーシスとでもいうべきシステム構築はありえなかったのであろうか。

　一方、消費者の側からは負担の大きさが言われ続けてきた。その多くは、数量調整に関するものであるが、実作業の負担に関しても、当初は仕分け作業の義務化など、専門事業体が流通を担わない限りは、生産者から届けられたものを消費者が分け合うという方法が多くとられた。だが、共同購入方式とは購買力の結集が目的であって、実際に一つの場所に寄り集まってものを分け合う作業を意味するものではないだろう。購買力結集のためには消費者が担う方法としては他の形態もありえたのではないか。消費者がひたすらに消耗する共同作業は、組織の紐帯を固めるよりも、緩める方向に作用したように思われてならない。

価格決定と数量調整に関する問題

　提携は、消費者が生産者の希望を確認して、可能な限り有機農業の持続性を保てるような取引方法を模索した。その特徴は固定価格による全量引き取りと、お任せパック方式[注6]に集約される。これらの取り引きは契約栽培となにが違うのだろうか。全量引き取りは予約のための契約であったのか。それとも提携が成立するために最低限必要な条件であったのか。

　当初は、生産者と消費者の組織的提携としてイメージされ、消費者団体がその提携先を求めていくという形で生産者団体との提携が成立した。有機農業の困難を配慮して、多くは生産者の便宜を優先する運営方

法がとられた。生産者自身が配送を担うのは所得保障の意味合いもあり、こうした生産者の労働負担だけを取り上げて過重労働を指摘することはあたらない。生産者にとっての便宜というよりも、有機栽培がおこなわれている圃場の都合を優先するという姿勢の最たるものが、全量引き取りであろう。この問題と農産物の質の問題が今に至るまで解決されず、産消双方の不満の根源となっているのではないか。

このことは価格問題というよりも所得保障の問題として考える必要がある。本来、市場は価格決定機能を、組織は数量調整機能をもっている。その調整機能を発揮するために、計画栽培、全量引き取りがあったはずであるが、多くの提携で食べきれない量の供給が当初から問題となった。固定価格によって安定供給をはかったはずのものが、受け皿の用意された安心な作付けのみを実現して数量調整機能を放棄した結果となったわけである。

固定価格とは謝礼的性格のものであったろう。もし、その価格が有機農業の困難を勘案し、生産量の減少を補塡するものとして設定されてあったならば、どうして食べきれない量が出荷されるのだろうか。価格によらない数量調整は、結果的に消費者の食卓つまりみずからの胃袋でおこなわれた。もし、価格が有機栽培による減収見込み分を相殺する水準で決定されたのならば、慣行栽培を上回る出荷量は生産者の道義上ありえないのではないか。減収の相殺分にコスト増加分が加味されておらず、生産者の満足が得られていないから最大出荷量で所得を確保する行動がとられたのであろうか。固定価格、全量引き取り、さらには、お任せパック方式による出荷内容の生産者決定、予約制は、産消提携の基本要素であり、成立条件でもあるが、30年の実践のなかでそれらのバランスをとることを怠ってきたのではないか。

いずれの消費者団体においても、当初から「あれには泣かされた」というシンボル的な野菜があり、それぞれの提携を特徴づけるものとなっている。「もうシシトウは見たくもない」「ナスの1週間に2kg以上の出荷は連続3回までにしてくれと言っているのに」などとどこでもこの問

題の解消には苦労話が尽きない。

　全量引き取りの前提には、産消双方で確認された作付け計画があり、消費者が受容可能な量という目安に基づいて栽培がなされているはずである。天候によっては豊凶の変動は当然であり、不作の場合は需要が満たされない状況が現れることも致し方ないとしても、豊作のさいに食べきれない量を受け取るということに合理的根拠はあったのであろうか。生産者にとっての豊作は、ボーナスであり、やりがいでもあろうが、消費者が固定した関係にとっては、別の仕組みで実現されるべきではなかったのか。

　健康のために有機農産物を求めるのならば、野菜をもっと食べましょうというアドバイスはありえるとしても、提携関係が成立した以上、たくさんできたら消費者が引き取るべきであるとはなんとも乱暴な解決方法ではないか。例えば、団体との提携という形をとらず、生産者がグループを組んで直接消費者に届けている津市近郊の産消提携では、収穫後集められた農産物のかなりの量を箱詰め段階で廃棄している。そこでは、月決めの購入価額が固定されることで所得保障が実現しており、所得増が生産を刺激しないデカップリングの関係となることで、過剰となった野菜は廃棄され、堆肥資材として利用されている。生産者のみが負担を抱え込むことは問題であっても、このような消費者の受容能力を考慮した出荷があってよいと思われる。

　この問題は、提携運動を大所高所から見るには矮小に過ぎるかもしれない。しかし、提携にかかわる消費者団体の参加者の多くがこの問題を指摘し、かつ、めでたくそれを克服している例もあまり聞かれない。つまり、提携運動は組織化には成功したものの数量調整には失敗したといえるのではないか。一般に契約栽培といえば、大量購入が可能、もしくは必要な企業などが生産者と独占的な取り引きを求めて結ぶものである。購買力にものをいわせて安く買うことを目的とするものではない。供給量の安定、必要調達量の確保を求めておこなうものである。提携は、価格の安定は実現したものの、安定的な、つまり大幅な量の変動

（特に増加）を伴わない供給を実現することはできたのか、という問題を提起しておきたい。

提携団体の経営問題

停滞状況に陥った提携団体の焦眉の問題は経営問題、特に維持コストをどうやってまかなうかである。従来の提携の発想に、互助的な無償の行為が含まれていたことは確かであり、「交代でおこなう仕分け作業などの業務に一定の報酬を」という提案には、有償であれば参加しないと答える会員はたしかに存在する。しかしながら、もしすべての業務が無償労働で運営されていたとしても、事務所の維持費や運転資金などは必要であり、取扱規模が大きくなれば専従者給与や配送経費も増大する。有機農産物専門の流通事業体では、生鮮野菜は取扱額としては総売り上げの３割ほどを占める程度である。自然食品店でも、多くは生鮮野菜よりも保存の利くものや加工品で売り上げを確保している。

経営の順調な事業体の事例として、例えば、都内の自然食品店ガイアでは石鹸が経営の基盤としてあり、名古屋市近郊の無添加食品店りんね社でも蚊取り線香の製造・販売という基盤がある。この点では、多くの提携団体が生鮮農産物の取り扱いを中心に経営を維持していることは、相当評価されてよい。一方で、さまざまな面に無理がかかっていることも想像にかたくない。日用品の取り扱いに注力している団体も見られるものの、それを生産者が共同購入する段階には至らない。

この提携の経営問題は、消費者による生産者の支援だけではなく、生産者からの消費者へのかかわりとしてもっと前向きに捉えられてよい。生産者による地域での有機農業運動が一定の成果を挙げている事例はいくつかあるものの、提携運動の実態は消費者運動であって生産者自身の運動の側面は非常に弱い。前述のように生産者の石鹸利用率（つまり環境保護意識）は低い水準にある。消費者と連帯し同様の価値観で生活を見直すならば、消費者団体が扱っている生活資材を生産者が購入することも可能であり、おたがいを支えあうことも志向されてよいであろう。

なにが提携運動に停滞をもたらしたのか

社会環境の変化

①運動を担う主体の弱体化

提携運動の現場では、その停滞を嘆くさいに「環境（社会、時代、人間）が変わった」「あのころとは違うのだ」という声が聞かれる。たしかに、提携運動に限らず、前述のように組織活動や協働活動は停滞気味であり、それは、端的には学生運動の消滅に現れている。学生運動から地域活動への転進は有機農業運動の源泉の一つであり、この源泉からの供給がなくなったことが提携運動だけでなく、多くの社会運動に新たな段階をもたらしたともいえる。

②生活者としての非力化

パターン化された食生活は応用力のなさ、生活技術の低さを示している。つまり、ありあわせ材料を利用することができないということであり、季節性を喪失した周年同じ材料を必要とするということである。これが、旬を重視する提携での購買活動に適さないことはいうまでもない。また、材料の吟味能力の低下も指摘できる。みずからの情報処理能力の低下が、情報に踊らされる存在としての消費者をつくりだしている。

③有機農産物市場の出現

かつては、市場から供給されないものはみずから求めるという行動を示した産消提携運動であるが、有機農産物専門流通事業体の成立によって、購入を希望はするものの、供給されるのを待つという消費のあり方が可能となった。

こうした消費者の出現だけでなく、運動による支援を期待しない生産者も現れ始めた。特に、JAS法改正後の有機認定農家にその志向が見られるように思われる。これは、多くは消費者からの働きかけによって当

初の産消提携が成立した形が踏襲されてきたが、ようやく生産者からの消費者へのアプローチが始まったと見ることも可能である。

提携運動の硬直性

しかし、時代が変わったとして、組織に限らず個人でも、自分を維持するためにはその変化に対応していくものではないのか。運動体は、その目標の達成とともに用なしとなる宿命を抱えているにしても、農業が健全に営まれる社会はいまだ実現されてはおらず、有機農業運動の意義が消滅したわけではない。運動の意義が認められるならば、環境変化に耐えて、もしくは適応して活動を続ける必要はあるだろう。組織的な活動という形態が受け入れられなくなったのならば、個人でも参加可能な形態の模索が試みられてよい。

提携の悩みの一つは、そうした環境変化に対応して自己変革する主体的な力量が低下していることにある。規模拡大の問題はおくとしても、世代交代や力量の蓄積に失敗したといえるのかもしれない。個々の団体の内部で世代交代がはかられなくとも、環境変化や新たな主体の参加に応じて新しい団体や提携が成立していけば運動全体としては世代交代や活性化がはかれるはずであり、80年代後半以降の分裂や独立による団体数の増加やワーカーズコレクティブなどの新たな目標設定の登場という状況は、それを実証するであろうと期待された。分裂力とその源泉となる意見の対立さえも提携内部に存在しえなくなったのであろうか。

提携運動での実際の活動が、有機農産物のやりとりのむずかしさに引っ張られて、参加者の健康志向の充足だけが目的だといったイメージを印象づけたことも問題の一つであろう。提携の外部、つまり社会全体では、組織活動は停滞する一方で、環境保護活動や福祉にかかわるNPOなどは盛んである。こうした活動と文字どおり提携関係を形成できればまた違った広がりが期待できたのではないか。ともあれ、提携の現状をもたらした要因として指摘できることの一つはこうした環境変化への対応がどうであったかということである。

産消提携運動は、当初より消費者による作業分担を求め、事務や仕分けなど日々の物流にかかわる実作業や、現地への援農が奨励されてきた。この援農は、当初の労力提供による支援から現地を知る学習の機会へと位置づけが変化し、実際にその効果は高かったものの、その半義務化は参入障壁ともなった。また、高齢化により共同荷受場所へ引き取りに行くことすらままならない消費者は、援農にも参加はむずかしくなる。こうした事情を抱える消費者の増加によってようやく問題が認識されてきた現状であるが、当初から共稼ぎ夫婦、子育て中の夫婦、高齢者を排除していたのではないだろうか。専従者やアウトソーシング（外部委託）によって早くからこうした参入障壁を排除できた可能性はあったのではないか。

参加者および活動におけるジェンダー性

　実際の提携運動を担っていた専業主婦層が賃労働に参加可能となった（せざるをえなくなった）ことで、個々人がそれぞれの立場で労力を提供し合うという方法と時間の共有がむずかしくなっている。提携運動とは、生産者が生産し、消費者が消費することだけで成り立っていたのではなく、その間をつなぐ作業を両者がおこなうことで持続していた。

　これらは生協や農協、労働組合など、協力してなにかをなすという形態すべてに共通のものであるとはいえ、そうした環境変化にたいして提携が内包していた本質的なものと提携内部での適応行動に整合性を求めることはできるのか、つまり、やむをえずこうなったのか、ありえるべき対応はなかったのかという問いかけは必要であろう。

　従来女性が担ってきた活動の停滞理由として、女性の社会進出が挙げられることが多い。正確には、女性の社会進出を支える仕組みがつくられないままに、女性が担う領域が拡大したということであろう。婦人という表現が、男性側に対応するものが存在せず、女性を固定的に扱う装置となっているとして、婦人を冠する多くの団体がその名称を女性に変更している。比較的遅くまでその存在を確認できたのは、かつての農協

ハクサイの苗を育苗トレイから鉢に移植（神奈川県・なないろ畑農場）

と労働組合の婦人部もしくは青年婦人部だったかもしれない。そのなかでも専業主婦という呼称が自称も含めて残っているのは、この問題の複雑さを示しているが、ともあれ、提携が専業主婦の存在を前提としていたということは否めない。

主婦労働の外部化、つまり女性の男性化による社会進出によって、ボランティア労働、同一時間の農産物引き取り、援農活動など、提携の維持・存続に必要とされていた行動が不可能となり、提携の前提条件が崩れていった。これはもちろん先述の時代性の問題と関連しており、提携に特有の問題ではないが、提携が性差による認識、行動を示すジェンダー性をはらんでいたこと自体に時代性を払拭できない要素を求めることもできよう。

産消提携の目的が、従来の市場では取り扱いができない有機農産物の市場外流通を実現することであったならば、有機JASによって有機農産物が店頭に並ぶと同時に、店頭での購買を勧める行動も選択されてよかったであろう。提携が女性の社会進出を助ける仕組みを整えるだけの先取性を示しておれば、共同購入からの脱退を招くこともなかったのではないか。20年以上の経験を持つ提携団体が、お任せパックに大小の選

択肢を加えたのはここ数年のことであり、共同出荷であるために1消費者ごとに仕分けされたあとの農産物の品数と数量を把握していなかった生産者が、その内容に責任を持つように変更されたのは、さらに後のことである。

　女性が運営の主体であった団体が、女性の社会進出を支えられないという状態も、現状の社会に頻出するジェンダー構造ではある。では、専業主婦の存在を前提としない活動のあり方とはどういうものであろうか。それが、現状の個別宅配や外食、中食の増加を導いたと考えてよいのだろうか。かつて、いくつかの提携団体では、ワークシェアリングを志向するワーカーズコレクティブの検討が進められたが、その成果は現在のNPOの可能性として再度活用されてよい。ともあれ、提携の再出発、もしくはCSAの運営にはこの視点は重要であろう。

産消提携のブレークスルーと CSA

オーガニックブームと有機農業

　国内でのオーガニックブームは数次を数えるといわれている。現在の大手量販店によるオーガニックの取り組み増加もその一つかもしれない。しかし、有機農産物がブームと表現されることはあっても、生産者の間で一度でも有機農業がブームになったとは寡聞にして聞かない。何度かのオーガニックブームを有機農業運動の成果と評価するむきもあったが、そのブームは有機農業が可能な社会ではなく、有機農産物の生産・供給のビジネス化を招き、結果的に、有機農業運動の衰退を招来したといえるのではないか。

　かつて、80年代に反原発運動が注目を集めたころ、その運動の主体は有機農業運動参加者と大きく重なり、有機農業運動の蓄積は、社会運動をリードするまでに成長していた。

　ところが、90年代末に、有機農産物の国際基準の受け入れをやむなく

され、基準に替わる担保とされていた多様な関係の維持・構築が困難になると同時に、国内有機農産物の一時的な減少過程が始まった。一方で、有機農産物が新たな生産者の出現によって供給されるようになった現在は、有機農業者が有機農産物生産者に変容したといえようか。

　有機農産物の流通事業を担う組織が登場したさいには、株式会社は利益追求が目的であり提携を担う主体とはなりえないという意見が出された。消費者が株主となり、配当よりも有機農産物の確かな質と安定した供給を求めるならば、株式会社という形態が有機農業の阻害要因にはならないことは、現在の流通の主流がそれらの事業体であることで実証されている。流通にかかわる細部にこそ神が宿る、実作業を担ってこそ提携の維持がはかられるという意見も正論であろうが、それを担うために必要な条件が喪失し、今や阻害要因となっているのならば、個人がさまざまな形で参加できるような提携形態が求められるところであろう。

　有機農業がビジネスとして認知されたのは、80年代後半から90年代半ばの専門流通事業体の展開が契機であったろう。市場流通は不可能と考えられていた有機農産物の供給が確認されると、90年代半ば以降、生鮮野菜販売から、加工品、外食、中食産業へ導入されるようになり、ビジネスとしての展開が始まった。現在では、音楽にまで「オーガニックサウンド」が登場し、商品化は確実に進んでいる。新規就農のあり方自体もビジネスモデルとして捉えられようとしている。

　しかし、農業以外の就業経験者が、新たな生活を求めて農村に入り、有機農業を実践して何人かの消費者に農産物を直接届ける、というスタイルはビジネスモデルではない。有機農業への転換は、高額の機会費用を伴うが、得られるものは経済的メリットではなく、みずからの望むライフスタイルである。ビジネスではなく生活、モデルではなくスタイル、つまり、文字どおりの生活スタイルである。したがって、それを支える産消提携も当然ビジネスモデルとして評価されえるものではなく、私たちは有機農業・産消提携の評価にさいしては、脱近代的な価値基準を必要とするはずである。

CSA の可能性をどう考えるか

地産地消、身土不二、といった、かつて有機農業や食養生の世界で用いられていた概念が一般に流布し、消費者の意識も変わってきているようである。スローフード、スローライフの概念受容もそれを証明している。一見、前近代回帰に見えるこの流れは、ようやく個としての自己表現が可能となった現在においてこそ、みずからのライフスタイルの表現として追求されているものであろう。

スローフード発祥の地であるイタリアなどでは、食品の選び方や食べ方など、日常の細部にこそ自己表現のアイテムが存在し、またそれを創造し楽しみとする生活スタイルがある。しかし、現状の日本人は、持ち家、自家用車、ブランド品などを自分の生活のステイタスを示すアイテムとして求めることはあっても、食べ方が自己表現手段であるという認識にはいまだ遠いように思われる。従来の「世間並み（に合わせる）」のではなく、みずからの価値基準による評価によって行動・選択してこそ、個々の「ライフスタイル」が確立されていくはずであろう。

産消提携には社会運動的性格・視点が明確に存在した。しかし、現在のオーガニック志向には運動的要素ではなく、上記のように個別性をさらに追求する志向が見られる。そこには、社会を変えるのではなく（どう変えればよいのか具体的な像が結べないこともあって）、いかに自分を変えるか、いかに個の存在を充実させるかに価値が置かれる。

一方で、この書籍に取り上げられた事例に見られるように、CSAに魅力を感じる人々には、社会の抱える大きな問題にたいして、生活の立脚点から、異議ではなく可能性を、かつ個人ではなくささやかな連帯から訴えるさまざまな行動が見られる。

現在、国内で確認できるCSAの取り組み、試みは十指に満たないが、従来からの個人の生産者、生産者のグループによる産消提携は数知れず存在する。その中には「お礼制」といわれる、産物の供給量によらず、毎月一定の価額をお礼として支払う方法や、野菜ボックスの種類をM、

L二種類くらいに分けて、それぞれ一箱当たりの定価を定め、消費者は詰め合わせ内容を問わずに受け取る、注文が一年更新であり、消費者は前払いか後払いを選べる、といった方法を以前から実践している取り組みも見られ、農業に特有の栽培リスクを支える仕組みにおいては、産消提携はCSAにきわめて近似したものである。違いは、ローカル志向の高低であり、産消提携の野菜セットを、ローカルフードに置き換えれば、日本型CSAといえるかもしれない。

　CSAにおいて、生産者と消費者をどのように結びつけるかの実践モデルとしては、一つの農家を消費者が支援するだけでなく、一つの農場を複数の生産者が運営する事例、複数の生産者が一つのボックスを構成する事例も見られる。(注8)両者の相違は、前払いかそうでないかではなく、消費者がどれだけ農にかかわるかによる。欧米や中国では、消費者が農産物のシェアを購入するだけでなく、農地のシェア（耕作権、貸し農園）を購入し、自分で農産物を栽培し、収穫する一種のコミュニティファームをCSA内に形成するような事例も増えている。困窮者に食品を提供するフードバンクが、提供する食品の栄養バランスを向上させるために、みずからCSAを運営する事例も報告されている。(注9)

　CSAというコンセプトの共有から多くの社会的実践が生み出されていることは、多様性が摩擦だけでなく、エネルギーを発生させている証左であろう。食と農の距離的隔たりだけでなく、関係的な乖離をいかに克服するか、小さな農場をともに運営していくなかでつながる人と人の関係をいかに育てていくか、多様な価値観、ライフスタイルが持ち込まれるなかで醸酵していく熱量がCSAのエネルギーであるならば、CSA自体が多様に存在する必要があるだろう。CSAのコンセプトの導入による多様性の再評価が、今後の展開を模索する産消提携のブレークスルーをもたらす可能性は高いといえよう。

　　（本稿は、筆者による「有機農業研究年報」Vol 4、2004、第4章所収を加筆修正したもの）

〔注〕

(1)ロデイル研究所HP

https://www.newfarm.org/features/0104/csa-history/part1.shtml

大山利男解題・訳「アメリカのCSA：地域が支える農業」『のびゆく農業』944、2003.11、p.3。ただし、スイスでは、消費者とともに組合を結成し、野菜アボ（予約）によって農場を支える仕組みもできあがっている。一方で、スイスでの有機農業の源流の一つであるビオゲミューゼでは、すでに、個別に予約野菜を郵送していた消費者との関係を解消し、大手量販店（生協）へ有機農産物を供給する卸売り事業体に変容している。

(2)農水省の統計では、毎年の累積数をもって国内の生産者数と表示しているが、更新のさいの廃止届けが受理された時点で過去の数値を修正している。

(3)有機農産物に関する自主基準策定の先進県である岡山県では有機JASの法制化以降、かつての運動が急速に減少したことが報告されている（山本晃郎「岡山県における有機無農薬農業への取組」『農業経営研究』第40巻4号、2003.3、pp.64-67）。

(4)本野一郎『有機農業の可能性』新泉社、1993、p.33

(5)産消提携という表現の源泉は労農提携であろう。労農提携とは、社会革命という共通の目的のために立場の異なる労働者と農業者が連帯することを理念化したものである。では、労農ではなく産消という関係は立場の違いをどのように捉えるのであろうか。

(6)農産物の品目を消費者が注文するのではなく、収穫段階での圃場の状況によって生産者の判断で箱詰めされ、消費者はそれをそのまま引き取る方式。CSAでも同様の方式が採用されており、イギリスではボックススキーム、ドイツやスイスでは野菜アボ（予約）と称される類似の方式が見られる。

(7)産消提携とともに、「地場生産地場消費」などの表現が使われており、地産地消はそこから発想された。篠原孝「地産地消で地球にやさしく、地方分権的な生き方を」『食の地方分権・現代農業5月増刊』2003、p.85参照。

(8)ビオクリエーターズ。6人の生産者で消費者定員1シーズン30名。

参照URL→http://www.biocreatos.org

(9)次の書籍、ウェブページ他を参照のこと。

フードバンクファーム：ヘンダーソン、エン『CSA地域支援型農業の可能性』家の光協会、2008、p.215

foodbankCSA：https://regionalfoodbank.net/community-supported-agriculture/

◆CSAをより詳しく知りたい人のために

〈CSAと産消提携に関する基本的文献とその活用方法〉

1）CSAの全体像

まず、CSA研究において高い頻度で引用されるのが、米国の次の２種の
サーベイ（調査）である。ただし、両者ともにCSAサーベイというタイト
ルになっているが、前２者（1999,2001）は41州368農場、354農場、後１者
（2009）は９州205農場を対象としたものであり、①②と③の間に連続性はな
い。

①Lass,D.,Stevenson,G.W.,Hendrickson,J.,&Ruhf,K.,（2003）,CSA Across
the Nation：Findings from the 1999 CSA Survey, Center for Integrated
Agricultural Systems（CIAS）, College of Agricultural and Life Sciences,
University of Wisconsin.

②Lass, Daniel A., A. Bevis,G. W. Stevenson, J. H. Hendrickson and K.
Ruhf,（2005）, Community Supported Agriculture Entering the 21st Cen-
tury：Results from the 2001 National Survey.

③Woods T. Ernst M, Ernst. S. Wright. N（2009）.2009 Survey of Comm-
unity Supported Agriculture Producers. University of Kentucky.

④URGENCI ＆ The CSA Research group（2016）, Overview of
Comm-unity Supported Agriculture（https://urgenci.net/wp-content/
uploads/2016/05/Overview-of-Community-Supported-Agriculture-in-
Europe-F.pdf）

①で取り上げられたサーベイ（1999）邦訳は、大山利男解題・翻訳（2003）
「アメリカのCSA：地域が支える農業」『のびゆく農業944』農政調査委員会、
であるが、サーベイの内容だけでなく、訳者による解題が有用である。②で
取り上げられたサーベイ（2001）と対象は異なるものの、70％以上が50ac
（エーカー）未満、平均シェア数は89、所得が２万ドルを超える農家が60％
を占める。全米平均よりも小規模高所得が特徴といえる。また近年、後者
（2009）における平均事業年数4.1年という数値が引用されることが多い。し

271

かし、これは単純に早期解散するCSAが多いと理解するよりは、CSAの増加速度を考えると、新たに立ち上がる事例が増えているために平均値が低くなっているとも考えられる〈欧米におけるCSAの最新の現状を報告するものは、④である。URGENCIは産消提携国際ネットワークとして紹介されているが、欧州の実態に詳しく北米については取り上げられていない〉。

次に、基本的文献としては、以下の2冊の書籍を挙げることができる。ともに1986年に始まり、米国におけるCSAの嚆矢となった農場の代表者たちによる著作であり、その理念や実践方法、またその後展開したいくつかのCSAについて紹介している。

⑤Trauger Groh, Steven McFadden, Bio-dynamic Farming and Gardening Association (1990), Farms of tomorrow：community supported farms farm supported communities, Bio-dynamic Farming and Garde-ning Association、邦訳は、兵庫県有機農業研究会訳 (1996)「バイオダイナミック農業の創造――アメリカ有機農業運動の挑戦」新泉社である。

⑥Elizabeth Henderson with Robin Van En (1999),Sharing the Harvest：A Guide to communitySupported Agriculture, Chelsea Green Publishing Company、邦訳は、エリザベス・ヘンダーソン、ロビン・ヴァン・エン (2008)「CSA 地域支援型農業の可能性アメリカ版 地産地消の成果 」家の光協会である。

以上の、米国CSAの紹介は、1991年11月号の『土と健康』から始まると思われる。同じ視察を経験した、金子まちこ、本野一郎、池本広希の各氏によって翌年、翌々年と同誌やそれぞれの著書において取り上げられ、その後、以下の研究者による現地報告や紹介が重ねられている。

桝潟俊子 (2006)「アメリカ合衆国におけるCSA運動の展開と意義」淑徳大学総合福祉学部研究紀要40号、佐藤加寿子 (2007)「アメリカにおける地域流通の展開―CSAを中心に―」『農業市場研究』第16巻第2号、佐藤加寿子 (2009)「第5章CSAにみるアメリカ版地産地消運動」『食料危機とアメリカ農業の選択』家の光協会、野見山敏雄 (2009)「第6章都市地域の農業と市民」『食料危機とアメリカ農業の選択』家の光協会。

また、新開章司 (2013)「海外における農業の最新動向①―アメリカの

CSA―」『農業経営の未来戦略〈1〉動き始めた「農企業」（農業経営の未来戦略　1）』昭和堂、では、USDAのデータベースにおけるCSA取り組み農家数が1万4000を超えるというカウントは過剰ではないかとその信頼性に疑義を呈し、カリフォルニアでのCSA総数から全国での取り組み数をその半数程度と推定している。なお、門田一徳（2019）『農業大国アメリカで広がる「小さな農業」～進化する産直スタイル「CSA」～』家の光協会がある。

2）CSAの源流とその波及

前述④の著者の一人でもあるスティーブン・マクファーデンは、ロデイル研究所のウェブ媒体に下記のアーカイブを発表しており、これによって、米国でのCSAの出発から現在までの展開が理解できると同時に、米国で最初のCSA農場が、ドイツのバイオダイナミック農場およびスイスの産消共同農場という二つの源流をもっていることが示されている。

Steven McFadden and The Rodale Institute（2003a),The History of Community Supported Agriculture, Part I, Community Farms in the 21st Century:Poised for Another Wave of Growth ？

http://newfarm.rodaleinstitute.org/features/0104/csa-history/part1.shtml

Steven McFadden and The Rodale Institute（2003b）,The History of Community Supported Agriculture, Part Ⅱ：CSA's World of Possibilities

http://newfarm.rodaleinstitute.org/features/0204/csa2/part2.shtml

ただし、これらからは、米国での出発点は理解されるが、その原型となったドイツのバイオダイナミック農場およびスイスの産消提携農場の実態については記述が乏しい。ドイツでの示唆が得られるのが、ペーター・ブリュッゲ著（1984）、子安美知子他訳（1986）『シュタイナーの学校・銀行・病院・農場アントロポゾーフとは何か』学陽書房である。アントロポゾーフ（シュタイナー理論の実践者）がバイオダイナミック農法による農産物を確保するために出資者した消費者に農産物を提供する農場の実践が紹介されている。フランスのAMAPについては、アンペール・雨宮裕子（2010）「TEIKEIからAMAPへ」『環』vol.40.藤原書店、があるが、スイスでのACP（産消近接

契約農業）運動の展開プロセスを取り上げた、波夛野豪（2008）「CSAによる生産者と消費者の連携——スイスと日本の産消連携活動の比較から」『農業および園芸』83（1）, 190-196,養賢堂、および筆者による現地調査、後述の南谷桂子（2016）「ジャルダン・ド・コカーニュが取り組む未来社会への挑戦」『ソーシャルファーム』創森社、によると、フランスのAMAPは米国からのCSA概念の波及というよりも、CSAの源流となったスイス・フランス語圏での産消共同農場の実践に影響を受けたものと考えるほうが妥当である。カナダでのCSAの普及もケベックなどのフランス語圏が主流であることを考えると、スイスからの流れが、米国にもカナダにも波及したと捉えることも可能である。

3）CSAと産消提携

産消提携に関する文献としては、国民生活センター（1981）「日本の有機農業運動」日本経済評論社 、国民生活センター（1992）「多様化する有機農産物の流通」学陽書房、波夛野豪（1997）『有機農業の経済学——産消提携のネットワーク』日本経済評論社、波夛野豪（2004）「改めて産消提携を考える」『有機農業研究年報』vol.4、桝潟俊子（2008）「有機農業運動と〈提携〉のネットワーク」新曜社など、多くの蓄積がある。

また、CSAとの比較視点で捉えたものとしては、岡村悠（2008）「地域の農業を支える消費者像—CSAと産消提携の比較から—」三重大学卒業論文、波夛野豪（2010）「有機農業の視点からこれからの食と農を考える」『地域が支える食と農　神戸大会報告書』同実行委員会、唐崎卓也（2012）「CSAが地域に及ぼす多面的効果と定着の可能性」『農村生活研究』144号、波夛野豪（2013）「CSAの現状と産消提携の停滞要因 —スイスCSA（ACP：産消近接契約農業）の到達点と産消提携原則—」『有機農業研究』Vol.5No.1などがある。特に、波夛野（2013）では、停滞傾向にある産消提携が原則緩和傾向にあるのにたいし、CSAのほうがTEIKEI原則に近い方法を実践しているという対照的な比較が示されている。

（まとめ　波夛野 豪）

おわりに

　CSAをテーマにした書籍の出版を打診されてからすでに2年、分担執筆者のみなさんに原稿をお願いしてから1年が経過してしまいました。大幅な遅延で、関係のみなさんには大変なご迷惑をおかけし、出版を期待していただいた方々にたいしても申しわけない思いです。

　当初の計画とは異なりますが、すでにご執筆いただいた原稿を取りまとめるだけでも、有用な情報提供をできると考え、当初の全体構成をいくぶん修正して上梓することといたしました。

　ご覧いただけるように、論考と実例を組み合わせた構成となっており、内容に応じて文体はそれぞれですが、それぞれ貴重な報告や論考を寄せていただきました。特に事例はそのほとんどが実践者からの報告となっており、経年劣化するような内容ではないと思いますが、現実が刻々と進んでいきますので、まずは現時点でのリアルな面を読み取っていただければと思います。

　最後になりますが、原稿をお寄せいただいた門田一徳、雨宮裕子、蔦谷栄一、今村直美、西山未真、飯野信行、飯野恵理、ヘンリー・ブロックマン、広子・ブロックマン、エミ・ドゥのみなさんに編著者として取りまとめの遅れのお詫びとともに深甚なる謝意を表します。

　また、CSAという先進的で意義深い取り組みにかかわってきた多くの生産者、消費者、関係者の方々、資料をご提供いただいた日本有機農業研究会はもとより、取りまとめの原稿を辛抱強く待ってくださった編集関係の方々にもこの場をお借りし、併せてお礼申し上げます。

編著者　　波夛野 豪　唐崎卓也

〈本書で紹介した国内の CSA 農場の一部〉

なないろ畑農場
所在地：神奈川県大和市
代表：片柳義春
HP：http://nanairobatake.com/
メール：info@nanairobatake.com

メノビレッジ長沼
所在地：北海道長沼町
代表：エップ・レイモンド、荒谷明子
HP：http://mennovillage.com/
メール：info@mennovillage.com

わが家のやおやさん 風の色
所在地：千葉県我孫子市
今村直美、猪野有里
https://www.facebook.com/naomi.imamura.338
メール：kazenoiro.organic@gmail.com

つくば飯野農園
所在地：茨城県つくば市
代表：飯野信行、飯野恵理
HP：http://www.tsukuba-iinonouen.com/
メール：ホームページにメールフォームあり

◆執筆者紹介・本文執筆分担一覧

五十音順、敬称略（＊印は編著者）
所属、役職などは 2019 年 6 月現在。P. は分担頁数

雨宮裕子（あめみや ひろこ）
　レンヌ第 2 大学教員。在フランス　P.82 ～、P.231 ～

荒谷明子（あらたに あきこ）
　メノビレッジ長沼共同代表　P.146 ～

飯野恵理（いいの えり）
　つくば飯野農園共同代表　P.184 ～

飯野信行（いいの のぶゆき）
　つくば飯野農園共同代表　P.184 ～

今村直美（いまむら なおみ）
　わが家のやおやさん 風の色　P.159 ～

エップ・レイモンド
　メノビレッジ長沼共同代表　P.146 ～

エミ・ドウ
　東京農業大学大学院博士後期課程　P.211 ～

片柳義春（かたやなぎ よしはる）
　農業生産法人 なないろ畑（株）代表取締役　P.122 ～

唐崎卓也（からさき たくや）＊CSA 研究会事務局
　農業・食品産業技術総合研究機構上級研究員　P.28 ～、P.156 ～、P.198 ～

蔦谷栄一（つたや えいいち）
　農的社会デザイン研究所代表　P.107 ～

西山未真（にしやま みま）
　宇都宮大学農学部准教授　P.182 ～

波夛野 豪（はたの たけし）＊CSA 研究会代表
　三重大学大学院教授　P.10 ～、P.42 ～、P.143 ～、P.248 ～、P.271 ～

広子・ブロックマン（ひろこ・ブロックマン）
　ヘンリーズファーム共同代表。在アメリカ　P.202 ～

ヘンリー・ブロックマン
　ヘンリーズファーム共同代表。在アメリカ　P.202 ～

門田一徳（もんでん かずのり）
　河北新報記者　P.58 ～

CSA研究会事務局

HP：http://csa-net.sakura.ne.jp/wp/
メール：info@csa-net.sakura.ne.jp

ハーブガーデン（神奈川県・なないろ畑農場）

収穫期のレタス畑（茨城県・つくば飯野農園）

●

デザイン―――塩原陽子　ビレッジ・ハウス
資料提供―――日本有機農業研究会
　　　　　　　（久保田裕子、近藤和美）
校正―――吉田 仁

編著者──**波夛野 豪**（はたの　たけし）
　　　　三重大学大学院教授
　　　　1954年、京都府生まれ。神戸大学経済学部卒業後、総合電機企業勤務を経て兵庫県南光町で有機農業を自営。消費者団体の実務や民間病院での自給農場の指導に携わる。神戸大学農学部大学院博士課程修了後、京都短期大学助教授などを経て現職。CSA研究会代表。有機農業や産消提携、CSAなどをテーマにした研究をおこなう。
　　　　主な著書に『有機農業運動の展開と地域形成』（共同執筆、農文協）、『有機農業の経済学─産消提携のネットワーク─』（日本経済評論社）など。

唐崎卓也（からさき　たくや）
　　　　農業・食品産業技術総合研究機構本部上級研究員
　　　　1966年、鹿児島県生まれ。千葉大学大学院園芸学研究科修了後、農水省農業工学研究所、農村工学研究所を経て現職。専門は農村計画、緑地学。博士（学術）。千葉大学非常勤講師。日本農村生活学会理事。CSA研究会の事務局を担う。ワークショップを活用した住民参加による地域づくり、CSAや農産物直売所、朝市を核とした地域活性化などの研究に取り組む。

分かち合う農業ＣＳＡ 〜日欧米の取り組みから〜

2019年7月22日　　第1刷発行

編　著　者──波夛野　豪　唐崎卓也

発　行　者──相場博也
発　行　所──株式会社 創森社
　　　　　　　〒162-0805 東京都新宿区矢来町96-4
　　　　　　　TEL 03-5228-2270　FAX 03-5228-2410
組　　　版──有限会社 天龍社
印刷製本──精文堂印刷株式会社

"食・農・環境・社会一般"の本

http://www.soshinsha-pub.com

創森社　〒162-0805 東京都新宿区矢来町96-4
TEL 03-5228-2270　FAX 03-5228-2410
＊表示の本体価格に消費税が加わります

農の福祉力で地域が輝く
濱田健司 著
A5判144頁1800円

育てて楽しむ エゴマ 栽培・利用加工
服部圭司 著
A5判104頁1400円

図解 よくわかる ブドウ栽培
小林和司 著
A5判184頁2000円

育てて楽しむ イチジク 栽培・利用加工
細見彰洋 著
A5判100頁1400円

おいしいオリーブ料理
木村かほる 著
A5判100頁1400円

身土不二の探究
山下惣一 著
四六判240頁2000円

消費者も育つ農場
片柳義春 著
A5判160頁1800円

農福一体のソーシャルファーム
新井利昌 著
A5判160頁1800円

西川綾子の花ぐらし
西川綾子 著
四六判236頁1400円

解読 花壇綱目
青木宏一郎 著
A5判132頁2200円

ブルーベリー栽培事典
玉田孝人 著
A5判384頁2800円

育てて楽しむ スモモ 栽培・利用加工
新谷勝広 著
A5判100頁1400円

育てて楽しむ キウイフルーツ
村上覚ほか 著
A5判132頁1500円

ブドウ品種総図鑑
植原宣紘 編著
A5判216頁2800円

育てて楽しむ レモン 栽培・利用加工
大坪孝之 監修
A5判106頁1400円

未来を耕す農的社会
蔦谷栄一 著
A5判280頁1800円

農の生け花とともに
小宮満子 著
A5判80頁1400円

育てて楽しむ サクランボ 栽培・利用加工
富田晃 著
A5判100頁1400円

炭やき教本〜簡単窯から本格窯まで〜
恩方一村逸品研究所 編
A5判176頁2000円

九十歳 野菜技術士の軌跡と残照
板木利隆 著
四六判292頁1800円

エコロジー炭暮らし術
炭文化研究所 編
A5判144頁1600円

図解 巣箱のつくり方かけ方
飯田知彦 著
A5判112頁1400円

とっておき手づくり果実酒
大和富美子 著
A5判132頁1300円

分かち合う農業CSA
波夛野豪・唐崎卓也 編著
A5判280頁2200円